临安区

农地土壤的特性
与改良利用

邬奇峰 等 编著

中国农业出版社

北 京

内容提要 《临安区农地土壤的特性与改良利用》

　　本书是杭州市临安区耕地土壤酸化治理示范县创建项目的重要成果之一，是基于近年来开展的土壤质量调查及土壤改良试验研究获得的成果编写而成。书中概述了杭州市临安区农业用地（简称农地）土壤的生产性能及障碍因素，从土壤酸化的控制与治理、土壤有机质的维持与提升、土壤氮磷钾的平衡及坡地的水土保持等方面提出了临安区农地质量因素的维护与改善途径，分类探讨了各类农地土壤的改良与可持续利用方法，并从农业面源污染治理和土壤重金属污染农地的安全利用角度提出了临安区农地土壤污染治理的对策。

　　"民以食为天，食以土为本"。土壤资源是农业的可持续发展的基础，农业生产离不开土壤，没有充足和肥沃的土壤资源作为支撑，人类很难养活自己。随着生物技术的不断进步，作物新品种不断涌现，粮食单产也不断提高，集约化种植对土壤质量的要求也越来越高。要保证粮食产量的不断提高，满足日益增加的人口的粮食需要，必须以充足的土壤资源和不断提高的土壤质量为基础，促进农业的可持续发展。同时，土壤是环境的重要组成部分，是环境污染物的缓冲带和过滤器，与人类的健康息息相关。随着人口的增加和社会的发展，以及土地利用方式和经营方式的改变，土壤质量正在发生着悄然变化，在人类不合理开发利用过程中，土壤结构被破坏、土壤肥力逐渐下降，普遍存在土壤资源非农占用、土壤风蚀、土壤水蚀、土壤污染、土壤质量退化等现象，从而也产生了一系列的生态环境问题。因此，如何合理利用土壤资源，做到科学施肥和采取有针对性的措施进行土壤改良和质量提升，是当前农田管理的重要内容。

　　杭州市临安区地处浙江省西北部天目山区，区境东西宽约100km，南北长约50km，总面积3 126.8km²，具有"九山半水半分田"的土地资源特征。因地处中亚热带季风气候区，区内丘陵山地土壤以红壤和黄壤等地带性土壤为主；山丘间的河谷冲积平原土壤以潴育型水稻土和潜育型水稻土为主。由于地形条件先天不足及地处亚热带地区，区内土壤普遍存在酸化、耕层浅薄、渍害、缺磷缺钾和水土流失等低产障碍因子，加之近年来随着集约化种植面积的扩大、肥料施用量的增加及工业的发展，土壤酸化明显加剧，同时伴随着局部的面源污染和土壤污染问题。为了保障临安区农业的可持续发展，提升土壤肥力质量和环境质量，近年来，临安区农业部门结合相关项目，陆续开展了全区农业用地的基础地力调查、耕地质量评价、低产田的改良和高产田的建设、主要农作物的测土配方及土壤酸化治理技术研究，积累了土壤改良和质量提升及山核桃林、雷竹林、蔬菜地和茶园等用地的科学管理与合理施肥等方面的大量试验数据。为了推进临安区农地的科学管理水平，我们对有关试验成果进行了总结，编写了《临安区农地土壤的特性与改良利用》一书。全书分为四章：第一章介绍了临安区农地土壤的立地条件、主要土壤类型及特点、土壤养分现状及主要生产问题；第二章针对临安区土壤的主要障碍因素，结合国内外研究现状，总结了土壤质量因子的维护和改善的途径；第三章分类对临安区各类农地的改良、科学施肥及肥力培养提出了对策，并探讨了新造耕地的后续管理措施；第四章针对近年来出现的面源污染和重金属污染的新问题，分析了农地面源污染物流失控制、农地土壤重金属污染的预防和重金属污染农地的治理与安全利用。

本书的出版是临安区土壤肥料系统人员长期共同努力的结果。由于编者水平有限，加上时间仓促，疏漏与不足之处在所难免，敬请读者批评指正。

编著者

2019 年 6 月于浙江临安

·CONTENTS· **目 录**

前言

第一章　农地土壤类型与障碍因素 ……………………………………… 1

第一节　立地条件 …………………………………………………………… 1

一、气候条件 ……………………………………………………………… 1

二、地形地貌 ……………………………………………………………… 2

三、水系和水资源 ………………………………………………………… 3

四、植被 …………………………………………………………………… 4

第二节　土壤类型及特点 …………………………………………………… 4

一、土壤分类 ……………………………………………………………… 4

二、主要土壤类型 ………………………………………………………… 4

三、土壤分布特征 ………………………………………………………… 9

第三节　土壤的养分和地力特征 …………………………………………… 10

一、土壤酸碱度（pH） …………………………………………………… 10

二、土壤阳离子交换量 …………………………………………………… 11

三、土壤容重 ……………………………………………………………… 11

四、土壤有机质 …………………………………………………………… 11

五、土壤全氮与碱解氮 …………………………………………………… 12

六、土壤有效磷 …………………………………………………………… 13

七、土壤速效钾 …………………………………………………………… 13

八、土壤中量元素 ………………………………………………………… 14

九、土壤微量元素 ………………………………………………………… 15

十、地力特征 ……………………………………………………………… 16

十一、农地土壤地力的历史演变 ………………………………………… 17

第四节 农业生产特点 …………………………………………… 17

第五节 土壤的主要障碍问题 ………………………………… 18

第 二 章 农地土壤质量因子的维护与改善 ………… 24

第一节 土壤酸化的控制与治理 ……………………………… 24

一、土壤酸化的机理及其危害 ……………………………… 25

二、影响耕地土壤酸化的因素 ……………………………… 27

三、减缓耕地土壤酸化的途径 ……………………………… 29

四、酸化耕地土壤的修复技术 ……………………………… 30

五、酸化耕地土壤的综合管理 ……………………………… 34

六、示范应用及成效 ………………………………………… 35

第二节 土壤有机质的维持与提升 …………………………… 36

一、评价土壤有机质质量与数量的方法 …………………… 37

二、土壤有机质提升目标的设定 …………………………… 38

三、耕地土壤有机质提升最低有机物质投入量的估算 …… 39

四、提升土壤有机质的有机物质投入估算 ………………… 41

五、影响耕地土壤有机质提升的因素 ……………………… 42

六、耕地土壤有机质提升的综合技术 ……………………… 45

第三节 土壤氮、磷、钾的平衡 ……………………………… 47

一、土壤氮素的调控 ………………………………………… 48

二、土壤磷素的调控 ………………………………………… 49

三、土壤钾素的调控 ………………………………………… 51

第四节 土壤保蓄性能的提高 ………………………………… 53

第五节 土壤物理障碍因素的改良 …………………………… 54

一、农田常见的物理障碍 …………………………………… 54

二、土壤质地改良技术 ……………………………………… 56

三、土壤结构改良技术 ……………………………………… 56

四、耕层增厚技术 …………………………………………… 58

第六节 坡地的水土保持 ……………………………………… 60

一、水利工程措施 ……………………………………… 60

二、生物工程措施 ……………………………………… 61

三、农业技术措施 ……………………………………… 61

第三章 不同类型农地的改良与可持续利用 ……… 63

第一节 雷竹园土壤质量演变特征与改良 ……………… 63

一、土壤质量状况 ……………………………………… 63

二、种植过程中土壤质量演变特征 …………………… 66

三、退化雷竹林改良措施 ……………………………… 68

第二节 山核桃林土壤质量状况与改良 ………………… 72

一、土壤质量状况 ……………………………………… 72

二、山核桃产量与土壤肥力的关系 …………………… 79

三、存在的问题及改良建议 …………………………… 81

四、山核桃林地施肥技术 ……………………………… 83

第三节 茶园土壤质量与培肥改良 ……………………… 86

一、土壤质量状况 ……………………………………… 87

二、培肥改良措施 ……………………………………… 89

第四节 桑园土壤质量与培肥改良 ……………………… 91

一、土壤质量状况 ……………………………………… 92

二、桑园施肥管理 ……………………………………… 93

三、桑树配方施肥技术 ………………………………… 94

第五节 蔬菜地土壤质量与培肥 ………………………… 96

一、土壤地（肥）力状况 ……………………………… 96

二、蔬菜施肥技术特点 ………………………………… 98

三、主要蔬菜品种的施肥技术 ………………………… 99

第六节 旱地土壤质量与培肥改良 ……………………… 102

一、土壤质量特征 ……………………………………… 103

二、旱地土壤培肥改良 ………………………………… 103

三、旱粮作物的施肥技术 ……………………………… 104

第七节　高产稻田的培育 ……………………… 107
　　一、土壤地（肥）力状况 …………………… 107
　　二、水田土壤主要障碍类型及改良方法 ……… 109
　　三、中低产田综合改造措施 ………………… 111
　　四、高产农田地力建设与培育 ……………… 112
　　五、水田主要作物的施肥技术 ……………… 115
第八节　果园土壤的质量与管理 ……………… 118
　　一、土壤地（肥）力状况 …………………… 119
　　二、果园土壤的改良 ………………………… 121
　　三、果树配方施肥技术 ……………………… 122
第九节　新造耕地的后续管理 ………………… 125
　　一、垦造耕地后续管理存在的主要问题 ……… 126
　　二、加强垦造耕地后续管理的建议 ………… 127
第十节　设施土壤管理 ………………………… 128
　　一、设施农业中的土壤障碍问题 …………… 129
　　二、土壤连作障碍治理措施 ………………… 130

第四章　农地土壤的污染防治 ………………… 134
第一节　农地土壤的污染问题 ………………… 134
　　一、农村废弃物污染状况 …………………… 134
　　二、耕地土壤重金属污染 …………………… 135
第二节　农地面源污染物流失控制 …………… 136
　　一、农业面源污染治理 ……………………… 136
　　二、山核桃蒲壳循环利用 …………………… 138
　　三、笋壳循环利用 …………………………… 138
第三节　农地土壤重金属污染的预防 ………… 139
　　一、建立土壤质量监测体系 ………………… 140
　　二、加强土壤污染预防 ……………………… 140
　　三、严格执行土壤污染防治相关法律 ……… 141

四、加强投入品的检测 ································· 141

第四节　重金属污染农地的治理与安全利用 ············· 141

一、重金属污染农田土壤修复技术 ··············· 141

二、重金属污染农田安全利用技术 ··············· 144

参考文献 ································· 147

附件　临安区农地类别和土壤改良试验照片

第一章 CHAPTER 1
农地土壤类型与障碍因素

　　农地土壤不仅是人类粮食的生产基地，也是各类农产品的供应基地。农地土壤的质量直接影响农作物的产量，影响着人类的生活质量和发展状态。农地土壤的质量是土壤各类性状的综合，立地条件、土壤类型、土壤养分和土壤性状对土壤质量均有很大的影响。临安区地处浙江省西北部天目山区，东临杭州，西揽黄山，是太湖源、钱塘江两大水系的源头。地理坐标为东经 118°51′～119°52′、北纬 29°56′～30°23′，东西宽约 100km，南北长约 50km，总面积 3 126.8km²。区内地形地貌、气候条件、土壤类型和土地利用方式存在着较大的空间差异，因此区内农地土壤的质量也有较大的变化。

第一节　立地条件

一、气候条件

　　临安区地处中亚热带季风气候区南缘，属季风型气候，温暖湿润，光照充足，雨量充沛，四季分明，具有春多雨、夏湿热、秋气爽、冬干冷的气候特征，年平均气温 16.2 ℃，年均降水量 1 613.9mm，降水日 158d。全年有 3 个多雨期，4～5 月春雨、6～7 月梅雨、9～10 月台风秋雨，暴雨多出现在梅雨和台风季节。7～8 月，常处于副热带高压控制下，以晴热天气为主，偶有局部雷阵雨，常因降雨范围不大出现伏旱。11 月至翌年 3 月雨量稀少，属枯水季节。无霜期年平均为 237d。因境内以丘陵山地为主，地势自西向东南倾斜，立体气候明显，从海拔不足 50m 的锦城至

1 500m的天目山顶，年平均气温由16℃降至9℃，年温差7℃，相当于横跨亚热带和温带两个气候带。境内年平均太阳总辐射量在360～460kJ/cm²。其中，东部地势平坦，光照充足，年平均太阳辐射量在443～452kJ/cm²；西部年平均为430kJ/cm²；其他丘陵山地，年平均太阳辐射量一般在360～385kJ/cm²。

二、地形地貌

境内地势西北高东南低，自西北向东南倾斜，呈阶梯状下降。西北部天目山脉和西南部昱岭山脉呈北东—南西向，构成西北和西南崇山峻岭、沟谷幽深侵蚀地貌，海拔1 000m以上山峰多集于此，西部清凉峰海拔1 787m，为临安区境内最高山峰。中部、东部山体渐趋低缓，地貌破碎，以海拔500m以下低山丘陵为主，低山丘陵和宽谷盆地相向排列，错落其间。东南部地势低平，低山丘陵相间，分布有较大面积的海拔100m左右冲积平原和河谷盆地。东部南苕溪下游为杭嘉湖平原西南边缘，汪家埠海拔9m，为境内最低点，东西部海拔高差1 778m。

境内主干山脉有北、南两支。北支天目山脉，为仙霞岭北支，由江西怀玉山经安徽黄山逶迤入境，横亘境内西北部，总体走向从西北向东南，西起浙皖边界清凉峰（海拔1 787m），东至临安、余杭交界窑头山（1 095m），主脉由早白垩系流纹岩、火山碎屑岩、燕山期花岗岩及花岗闪长岩构成，山峰多在1 000m以上，为长江水系和钱塘江水系分水岭。山势向东趋低，自与余杭区交界的径山起，山势渐成尾闾，消失于杭州湾和杭嘉湖平原之间。南支为昱岭山脉，自清凉峰始，沿浙皖边界向南延伸，由震旦系—奥陶系石灰岩、志留系砂岩和燕山期花岗岩构成，海拔多在1 200m以上；主脉经石耳尖（海拔1 172m），过昱岭关至搁船尖（1 477m）折东有雨伞尖（1 459m）、大岭塔（1 446m）、牵牛岗（1 489m）。北侧有大明山千亩田（主峰1 280m）、北坡七峰尖（1 140m）。大明山东去，山势稍降，海拔千米左右山峰散布，河桥、洪岭、马山之间有和尚坪（1 082m）、扁担山（1 061m）、留尖山（1 135m），从西向东呈带形隆起，绵延 4km 后，山势趋缓，多海拔 500m 以下丘陵。

境内低山丘陵与河谷盆地相间排列，交错分布，大致可分为中山—深谷、低山丘陵—宽谷和河谷平原三种地貌形态。中山（海拔高度 1 000m 以上）面积占 5.4%，中低山（海拔高度 800～1 000m）面积占 8.8%，低山（500～800m）面积占 18.3%，丘陵岗地（100～500m）面积占 57.4%，河谷平原（100m 以下）面积占 10.4%。

三、水系和水资源

境内北部天目山脉和西部、南部昱岭山脉横亘全境，峰峦起伏绵延，溪流纵横切割，造成水系流向复杂。昌化、天目、南苕、中苕四条主要溪流，分属钱塘江、长江水系。昌化溪为境内最大溪流，位于西北部，为分水江主源，属钱塘江水系，发源于安徽省绩溪县笔架山，主峰海拔 1 385 m，于新桥乡西舍坞入境，全长 106.9km，比降 8.6‰，流域面积 1 440.2km²；其中临安境内长 72km，流域面积 1 376km²。天目溪纵贯境内中部，为分水江主要支流，属钱塘江水系，发源于西天目山北与安吉县交界的桐坑岗，主峰海拔 1 506m，境内干流长 56.8km，流域面积 788.3km²。南苕溪位于境内东部，为东苕溪主源，属长江水系，发源于太湖源镇临目马尖岗，主峰海拔 1 271.4m，干流长 76km，流域面积 1 420km²，比降 12.3‰，境内段长 65.6km，流域面积 620.8km²。中苕溪位于境内东北部，为东苕溪主要支流，属长江水系，发源于高虹镇石门与安吉县交界的青草湾岗，主峰海拔 1 073.9m，自美岭坑起全长 47.8km，比降 17.9‰，流域面积 185.6km²；其中临安境内干流长 27.8km，流域面积 185.6km²。

临安水系属山溪性河流，密度大，源短流急，受地形和气候的影响，溪流水位受降水量季节变化明显，梅雨期、台风期雨量多而集中，溪水流量大。7 月中下旬到 8 月上旬，往往降水量小于蒸发量，伏天气温酷热，溪流水位低，甚至断水。

临安区多年平均降水总量、水资源总量分别为 49.88 亿 m³ 和 26.64 亿 m³，每平方千米水资源 85.2 万 m³，人均天然降水量和人均水资源占有量分别为 9 613m³ 和 5 134m³。其中，地表水资源量 23.13 亿 m³；地下水资源量 3.51 亿 m³，分河谷平原冲积层孔隙潜水、碳酸盐岩碎屑溶洞裂隙水、火山岩及侵入岩裂隙水、碎屑岩裂隙水 4 类。境内水资源量大，但利用率低；水资源分布山区多于平原，西部多于东部。

四、植被

境内植被分自然植被和人工植被两类，以森林植被为主体，森林覆盖率约 77%。自然植被包括针叶林植被型组、阔叶林植被型组、灌丛植被型组、草丛植被型组以及沼泽及水生植被型组等；人工植被包括园林植被型组（果木林植被型、竹林植被型、用材林植被型、经济林植被型以及茶园植被型和桑园植被型）以及耕地植被型组（粮油作物植被型、蔬菜植被型以及水果植被型）。

第二节　土壤类型及特点

一、土壤分类

根据 1982 年的第二次全国土壤普查结果，临安全区土壤划分为 6 个土类，12 个亚类，36 个土属，75 个土种。其中，山地土壤 27 个土种，旱地土壤 3 个土种，水稻土 45 个土种。

二、主要土壤类型

根据 1982 年第二次全国土壤普查结果，全区土壤总面积为 297 327.7hm²。面积最大的土类是红壤，总面积达175 250.5hm²，占全区土壤总面积的 58.94%；多发育于泥岩、页岩、砂岩、凝灰岩、花岗岩、流纹岩、砂砾岩及第四纪红土，主要分布在海拔 650m 以下低山丘陵地区。该地区是全区经济林、山核桃、竹笋等经济特产，甘薯、玉米等旱粮作物，松等用材林的主要生产基地。其中，红壤亚类 348.5hm²，黄红壤亚类172 959hm²，红壤性土亚类1 942.9hm²。黄壤土类有60 454.6hm²，占全区土壤总面积的20.31%，主要为黄壤亚类，多发育于泥岩、页岩、砂岩、凝灰岩、花岗岩、流纹岩、砂砾岩及第四纪红土，分布在西部和北部海拔650m 以上中、低山区。岩性土类有32 639.7hm²，占全区土壤总面积的10.98%，由石灰岩、碳质灰岩及石灰性紫色砂页岩等风化发育而成。其中，钙质紫砂土亚类 292.7hm²，石灰岩土亚类32 347hm²。潮土类有 290.5hm²，占全区土壤总面积的 0.10%，主要分布在昌化溪、天目溪、苕溪等中下游河谷平原，母质为河流—洪冲积物。水稻土总面积达28 685.7hm²，占全区土壤总面积的9.65%，是由各种自然土壤经过长期水耕熟化的独特成土过程所形成的特殊的农业土壤，是杭州市粮食、油料的主要生产基地，分布在丘陵岗背、低山丘陵缓坡、山垄及河谷；其中，渗育型水稻土亚类 452.5hm²，潴育型水稻土亚类27 216.5hm²，潜育型水稻土亚类 266.6hm²。山地草甸土面积很少，占 0.02%，分布在千亩田、道场坪等中山夷平面上。

1. 红壤土类

红壤是在富铁铝化和生物富集过程共同作用下形成的，其剖面发育类型为 A-［B］-C 型。A 层为淋溶层和腐殖质积聚层，由于森林植被的破坏和侵蚀的影响，红壤的 A 层一般较薄，大多数只有 10～20 cm；［B］为铁铝残余积聚层，是红壤剖面的典型发生层，呈均匀红色或棕红色，紧实黏重，呈核块状结构，常有铁、锰胶膜和胶结层出现；C 层为母质层或红色风化壳。部分红壤剖面具有红黄交织的网纹和铁锰结核层，以第四纪红土发育的红壤剖面下部网纹较多，这可能是在古代湿热气候条件和在水成作用下的氧化还原过程中生成，并非现代风化淋溶的红壤化过程产物。

自然植被下红壤表土的有机质含量较高，但开垦后有机质含量明显下降。据统计，红壤表层有机质含量平均为 27.5g/kg，而下层急剧下降；土壤呈酸性—强酸性反应，pH 多为 4.5~5.5，交换性铝占交换性酸总量的 80%~90%；土壤质地较黏重，尤其在第四纪红色黏土上发育的红壤黏粒可达 40% 以上；黏粒 SiO_2/Al_2O_3 为 2.0~2.4，黏土矿物以高岭石为主，含较高的游离氧化铁；土壤阳离子交换量不高，为 10~15 cmol（+）/kg。

根据红壤成土条件、附加成土过程、属性及利用特点，将临安区的红壤土类划分 3 个亚类：红壤、黄红壤和红壤性土。红壤亚类具有土类典型特征，由于临安区地处浙西北，典型红壤面积不多；黄红壤亚类为向黄壤过渡类型，分布于山地垂直带，下接红壤亚类，上接黄壤土类；红壤性土亚类是剖面发育较差的红壤类型，主要分布于侵蚀强烈的丘陵山区。

2. 黄壤土类

黄壤分布在湿润亚热带森林下，富铝化作用较红壤弱，其气候特点是分布区湿度大、雾日多，土层经常保持湿润，土体中铁的氢氧化物主要以针铁矿、褐铁矿和多水化铁的形式存在，使土体呈黄色。土体构型为 A_0-A_1-[B]-C 或 A_1-[B]-C。A_0 层为枯枝落叶层，厚 10~20cm；A_1 层为暗灰棕至淡黑的富铝化的腐殖质层，厚 10~30cm，具核状或团块状结构，动物活动强烈；[B] 层呈鲜艳黄色或蜡黄色的铁铝聚积层，厚 15~60cm，较黏重，块状结构，结构面上有带光泽的胶膜。黄壤可发育于各种母质之上，以花岗岩、砂页岩为主。

因分布区湿度大，黄壤表层有机质含量较高，较红壤高 1~2 倍，阳离子交换量可达 20~40cmol（+）/kg；土壤酸性至强酸性反应，pH 为 4.5~5.5，交换性酸以活性铝为主，盐基饱和度小于 20%；土壤黏粒硅铝率为 2.0~2.5，黏土矿物以蛭石为主，高岭石、伊利石次之；黄壤质地一般较黏重，多黏土、黏壤土。

黄壤土类分为黄壤亚类和黄壤性土两个亚类。其中，黄壤亚类土壤植被保存较好，土层深厚，表土层厚度 20cm 左右，有机质含量 50g/kg 以上，但心土层有机质含量较低，呈黄色或棕黄色，质地因母岩类别而有所不同，但常含有较多风化残余的砾石和岩屑，全土层较深厚。黄壤的自然植被保持较好，开发利用潜力大。黄壤性土零星分布在黄壤地带的陡坡或脊背上，植被为稀疏灌丛及草类。由于地形较陡，植被覆盖差，易受侵蚀，土层浅薄，一般不足 30cm。

3. 山地草甸土

山地草甸土零星分布在黄壤地带山顶平缓地或浅洼地，发育于各种母岩风化物，全年土体湿润，并有短期积水过程。植被为湿生草甸植物。在这种水文和植被条件下，山地草甸土土层深厚，可达100cm 以上，A 层常达 20cm 以上，暗灰至黑色、黏糊、潮湿。[B] 层灰黄色，有铁锰斑纹，含有砂砾。pH 为 5～5.5。表层有机物质分解缓慢，积聚了大量有机质。

4. 岩性土类

岩性土类根据母质的差异分为两个亚类：母质为石灰岩、泥质灰岩发育的石灰岩土和石灰性紫色砂页岩风化的钙质紫色土两个亚类。其中，石灰岩土分布较集中，面积较大，而钙质紫色土分布零星、面积小。这类土壤因受母岩性质的特殊影响，延缓了成土作用的过程，使土壤的地带性表现微弱，而保存了母岩的某些特征。土壤剖面发育为 A-C 型。其中，钙质紫色土亚类母质为石灰性紫色砂页岩风化体，整个土体呈紫红色，保留了母岩的特性。靠基岩附近有石灰性反应，pH 为 6.5 左右。石灰岩土亚类母质为寒武纪的石灰岩、泥质灰岩、钙质页岩发育的岩性土，质地黏细，土体呈中性至微碱性反应。由于受母质中碳酸盐的影响，其主要成土过程为碳酸钙的淋溶淀积和较强烈的腐殖质累积以及矿物质（除碳酸盐矿物外）的弱化学风化，土层浅薄。

5. 潮土土类

潮土是河流沉积物受地下潜水作用，经过耕作熟化而形成的一种土壤，因有夜潮现象而得名。临安区潮土母质主要是溪流的冲积或洪积物，地势平坦，土层较厚，多大于 1m 以上，质地以轻壤至中壤为主。由于长期的干湿交替，土体中的铁锰及其他物质发生溶解、移动、淀积，形成潴育化层，具有明显的铁锰斑纹和结核。潮土剖面下部土层，常年在地下潜水干湿季节周期性升降运动作用下，铁、锰等化合物的氧化还原过程交替进行，并有移动与淀积，周期性氧化还原过程致使土层内显现出锈黄色和灰白色的斑纹层。由于潮土绝大多数已垦殖为农田，人类通过耕作、施肥、灌排等农业措施改良培肥土壤，土壤肥力较高。潮土剖面中常保留母质的不同质地层次，具有腐殖质层（耕作层）、氧化还原层及母质层等剖面层次，底部沉积层明显。潮土的养分含量、耕性、水分物理性质、生产潜力等与土壤质地及剖面构型有关，其中以壤质潮土肥力性能最好。潮土分布区地势平坦，土层深厚，水热资源较丰富，适种性广。

6. 水稻土

水稻土是以各种土壤为母土，经水耕熟化而成，在淹水耕作种植水稻过程中，土壤由于长期处于水淹的缺氧状态，土壤中的氧化铁被还原成易溶于水的氧化亚铁，并随水在土壤中移动，当土壤排水后或受稻根的影响，氧化亚铁又被氧化成氧化铁沉淀，长期淹水耕作过程中频繁的干湿交替和氧化还原过程形成氧化铁锰锈斑、锈纹等新生体的特殊发生层。由于经常的人为施肥、灌水和耕作，土壤水热条件发生明显改变，较起源母土在土壤上部发生层中养分明显累积、盐基饱和度和 pH 明显提高等。因此，在长期种稻条件下，经人为的水耕熟化和自然成土因素的双重作用，产生水耕熟化和氧化还原交替而形成的具有水耕熟化层（A）、犁底层（Ap）、渗育层（P）、潴育层（W）、潜育层（G）等特有剖面构型的土壤。

水稻土水耕熟化过程中的主要变化有：①氧化还原交替：灌水前，土壤 Eh 值一般为 $450\sim650mV$，灌水后可迅速降至 $200mV$ 以下；水稻成熟后落干，Eh 值又可达 $400mV$ 以上。②有机质的合成与分解：与母土相比，水稻土有利于有机质积累，故有机质增加。③盐基淋溶与复盐基作用：种稻后土壤交换性盐基将重新分配，一般饱和性土壤盐基将淋溶，而非饱和土壤则发生复盐基作用，特别是酸性土壤施用石灰以后。临安区水稻土的起源母土主要为红壤或黄壤，淹水耕作后土壤反应由起源母土的强酸性为主，转变为微酸性为主，pH 由母土的 5.0～5.5 提高到 5.5～6.0。盐基饱和度成倍增加，趋于饱和。④铁、锰的淋溶与淀积：在还原条件下，低价的铁、锰开始大量增加，特别与土壤有机质产生络合而下移，于淀积层开始淀积，而且锰的淀积深度低于铁。⑤黏土矿物的分解与合成：水稻土的黏土矿物一般同于母土，但含钾矿物较高的母土发育的水稻土，则水云母含量降低，而蛭石增加。

临安区水稻土可分渗育型、潴育型、潜育型 3 个水稻土亚类。渗育型水稻土亚类零星分布在丘陵、山地岗背或坡地上，多为梯田，母土为红壤或黄壤，它不受地下水影响，在降水、灌溉水和耕层有机质的共同作用下，土壤发生渗育过程，剖面上出现氧化铁、锰的分层淀积现象，通常是氧化铁淀积层在上、氧化锰淀积层在下，其底土常保持原母质的性态特征。剖面构型为 A-Ap-P-C 型。渗育层（P）厚度在 20cm 以上，棱块状结构，渗育层中铁的晶胶率比剖面中其他层次明显提高。潴育型水稻土广泛分布在河流冲积谷地、山垄山坞、山麓缓坡等地域，母质有河流的冲、洪积物和红、黄壤坡积—再积物，土体受灌溉水和地下水双重影响，铁锰发生淋溶移动和淀积。潴育型水稻土的剖面构型一般为 A-Ap-W-G 型，剖面形态复杂，W 层发育明显，锈斑、锈纹或铁锰结核层发育明显。棱柱状结构明显，土体通气透水，水气协调。潜育型水稻土零星分布在河谷、山谷、山垄等的局部低洼地段，地表水和地下水相接，土壤水分过饱和，该类土壤微生物活动弱，有机质分解缓慢，氧化铁处于还原状态，土体呈浅青灰色，其土体构型为 A-Ap-G 型或 A-G 型。

三、土壤分布特征

临安区土壤分布受地形、气候、母质、水文等自然条件和人类生产活动的影响，有着明显的区域分布特征。

1. 水平分布

临安区东西长约 100km，南北宽约 50km。水平带上的气候差异比其垂直带上的差异小。受自然成土因素的影响，临安区的地带性土壤以红壤为典型代表，它们在境内基本无差别。因此，全区土壤水平带分布现象并不明显。

2. 垂直分布

临安区东西海拔相差 1 770 余 m，生物—气候条件呈现明显的垂直带谱。气温随着海拔高度上升而递减，一般每上升 1 000m，气温递减 5~6℃；雨量随着海拔高度上升而递增。

海拔由下至上依次出现红壤和黄壤两个带谱，二者的分界线在550m 左右。红壤可进一步划分为红壤亚类和黄红壤亚类，其中红壤主要分布在海拔 250m 以下，而黄红壤主要分布在海拔250~500m。

3. 土壤区域分布

土壤空间分布，除受到生物气候和地形条件的影响，而呈现水平和垂直分布规律外，因母质、水文、成土时间以及人类活动的影响不同，表现出相应的土壤区域分布规律和特征。例如，河谷平原土壤分布大体上是由河床向河漫滩阶地的中部，直至丘陵地前沿，呈规律性的分布，其土壤界限大体与河床相平行。一般是潮土→培泥沙田→泥质田→青塥或青心泥质田等。潮土分布于低河漫滩地。泥沙田和培泥沙田分布于低河漫滩地，泥质田、半沙田等分布于高河漫滩地，青塥和青心泥质田分布于畈心古河道低洼处。黄泥沙田分布于山垄，土壤种类随着滩地的升高而逐渐更替，规律性明显。河谷基岸不属于河谷平原范围，土壤类型也由水稻土类和潮土类转化为红壤类，它们的地理区界分明。

第三节　土壤的养分和地力特征

一、土壤酸碱度（pH）

通过对临安区 2 555 个样点的土壤样品进行分析，全区土壤

pH 变化范围为 3.0～8.6，变异系数为 18%，为中等变异性。全区农地土壤总体酸性较重，大多数土壤 pH 都在 5.5 以下。其中，pH<4.5 的样品占 23.4%，pH 在 4.5～5.4 的样品占 46.6%，pH 在 5.5～6.4 的样品占 20.6%，pH 在 6.5～7.4 的样品占 8.2%，pH 在 7.5 以上的样品占 1.2%。

二、土壤阳离子交换量

阳离子交换量可直接反映了土壤的保肥、供肥性能和缓冲能力。一般认为，阳离子交换量在 20cmol（＋）/kg 以上的土壤为保肥能力强，10～20cmol（＋）/kg 的土壤保肥能力中等，＜10cmol（＋）/kg 的土壤保肥力弱。根据全区 642 个样点统计，全区土壤阳离子交换量变化范围在 7.50～20.20cmol/kg，平均值为 12.58cmol/kg，变异系数为 0.44，具有中等的变异性。总体上，临安区土壤阳离子交换量较低。其中，阳离子交换量在 5～10cmol/kg 的占 20.9%，在 10～15cmol/kg 的占 62.9%，在 15～20cmol/kg 的占 16.0%，＞20.0cmol/kg 的仅占 0.2%。阳离子交换量最高的是沙性黄泥田，平均为 16.30cmol/kg；白心烂泥田阳离子交换量也较高，平均为 14.30cmol/kg；而洪积油泥田的阳离子交换量最低，平均为 9.37cmol/kg。

三、土壤容重

容重是土壤熟化程度的重要指标之一。根据全区 642 个样点测定，全区农地土壤容重为 1.00～1.70g/cm³，平均为 1.29g/cm³，变异系数为 0.44。其中，容重为 0.90～1.10g/cm³ 的占 3.0%，容重为 1.10～1.30g/cm³ 的占 53.3%，容重＞1.30g/cm³ 的占 43.8%。

四、土壤有机质

有机质在土壤肥力上的作用是多方面的，是各种营养元素特别是氮、磷的主要来源，能吸附较多的阳离子，因而使土壤具有保肥力和缓冲性，有利于促进土壤团聚体的形成，改善土壤的透水性、蓄水性、通气性等物理性状。根据全区 2 555 个土样测定，农地土壤有机质变化范围在 5.3～117.8g/kg，含量平均为 33.5g/kg，变异系数为 0.33，具有中等的变异性。其中，有机质的含量小于 10g/kg 的占 0.3%，10～20g/kg 的占 6.2%，20～30g/kg 的占 34.8%，30～40g/kg 的占 36.8%，40～50g/kg 的占 14.7%，≥50g/kg 的占 7.2%。总体上，临安区土壤有机质含量总体水平较高，高于浙江省耕地土壤有机质含量平均值（浙江省耕地土壤有机质含量范围在 1.70～113.78g/kg，平均值 28.85g/kg）。

临安区农地土壤有机质含量在各种地貌条件下有一定的差异，高丘土壤有机质含量平均最高，平均为 34.45g/kg；其次为低丘土壤，平均为 33.3g/kg；河谷平原土壤有机质含量平均为 30.52g/kg；低丘大畈土壤有机质含量最低，平均为 28.36g/kg。土壤有机质含量最高的是山地黄泥沙田土种，平均为 41.5g/kg；平均最低的为培泥沙田，为 23.75g/kg。

五、土壤全氮与碱解氮

土壤全氮含量高低反映的是耕地土壤的综合供氮能力大小，一般认为土壤全氮含量<2g/kg 即有可能缺氮，需要增施氮肥。根据对全区 1 464 个土壤样本测定，农地土壤全氮变化幅度在 0.18～5.2g/kg，平均含量为 2.11g/kg，变异系数为 0.2。全区土壤全氮含量总体偏低，其中含量≤1.0g/kg 的样本占总数的 1.3%，1.0～2.0g/kg 的占 44.7%，2.0～2.5g/kg 的占 33.9%，2.5～3.0g/kg 的占 12.8%，3.0g/kg 以上的占 6.6%。

碱解氮指标反映的是耕地土壤的速效供氮能力高低。根据对全区 2 237 个土壤样本测定，全区土壤碱解氮含量平均为 177.9mg/kg，最高的达到 606.5mg/kg，最低的只有 22.0mg/kg，变异系数 0.3，多处于中等水平。其中，土壤碱解氮含量<50mg/kg 的占

0.2%，50～100mg/kg 的占 3.8%，100～150mg/kg 的占 25.9%，
150～200mg/kg 的占 42.1%，200～250mg/kg 的占 19.3%，≥
250mg/kg 的占 8.7%。土壤碱解氮含量最高的为潮土和黄壤，平均
分别为 211.0mg/kg 和 206.34mg/kg，其次为红壤、水稻土、岩性土
和紫色土，平均分别为 177.93mg/kg、175.46mg/kg、174.57mg/kg
和 158.26mg/kg。

六、土壤有效磷

一般情况下土壤有效磷＜10mg/kg 时，被认为是缺磷土壤，需
要增施磷肥。根据全区 2 555 个样本的测定，全区土壤有效磷
（Brady 法）含量平均为 42.3mg/kg，已达到较高的水平。不同土壤
类型之间的差异都非常大，最高的达到了 750.0mg/kg，而最低的仅
为 0.1mg/kg，变异系数高达 1.80。其中，含量＜5mg/kg 的占
19.2%，5～10mg/kg 的占 20.1%，10～20mg/kg 的占 21.3%，20～
30mg/kg 的占 9.6%，30～50mg/kg 的占 10.4%，≥50 mg/kg的占
19.4%。土壤有效磷的变异系数较高可能与磷肥施用水平差别大有
关。如果土壤中有效磷含量过高，则会对水环境造成污染，目前临
安雷竹林地土壤中有效磷的含量已大大超过作物生长所需，有必要
减少或控制使用磷肥量。

七、土壤速效钾

我国红壤地区土壤含钾量明显偏低，供钾能力不足，增施钾肥
后，往往有明显的增产效果。根据对全区 2 555 个采样点的测定，全
区土壤速效钾含量平均为 107.6mg/kg，总体达到一般水平，但空间
差异较大。含量最高的达 926.0mg/kg，最低的只有 10.0mg/kg，变
异系数 1.05。其中，含量＜50mg/kg 的占 24.6%，50～80mg/kg 的
占 31.1%，80～100mg/kg 的占 10.5%，100～150mg/kg 的占
14.2%，150～200mg/kg 的占 8.4%，≥200mg/kg 的占 11.2%。一
般情况下，土壤速效钾小于 50mg/kg 时，表明土壤严重缺钾，钾成

为土壤上作物生长的重要限制因子；介于 50～80mg/kg，表明该土壤潜在性缺钾；介于 80～120mg/kg，表明该土壤钾水平中等，可以满足一般作物的需求；而大于 120mg/kg 时，表明该土壤钾供应充足。以上结果表明，临安区耕地土壤速效钾大多＜80mg/kg，说明土壤速效钾水平偏低，尤其要注意钾肥的施用。

八、土壤中量元素

土壤中量元素主要指钙、镁、硫等，这些元素在土壤中贮存数量较多，一般情况下可满足作物的需求，但有些作物对中量元素需求量较大或在某些土壤条件下可出现供应不足的情况。

1. 有效硫

全区农地土壤有效硫含量平均为 27.80mg/kg，最低为 5.30mg/kg，最高为 139.50mg/kg，变异系数 0.94。其中，含量≤20mg/kg 的占 52.6%，20～50mg/kg 的占 33.9%，50～100mg/kg 的占 8.2%，100～150mg/kg 的占 5.3%。

2. 交换性钙

全区农地土壤交换性钙含量平均为 915.79mg/kg，最低为 16.00mg/kg，最高为 4 143.94mg/kg，变异系数为 0.78。其中，交换性钙含量≤200mg/kg 的占 9.4%，200～400mg/kg 的占 14.6%，400～800mg/kg 的占 33.1%，800～1 200mg/kg 的占 19.0%，1 200～2 000mg/kg 的占 14.3%，2 000～2 500mg/kg 的占 3.1%，＞2 500mg/kg 的占 6.5%。土壤交换性钙含量与土壤酸碱度有显著相关。

3. 交换性镁

全区农地土壤交换性镁含量平均为 92.87mg/kg，最低为 0.24mg/kg，最高为 262.08mg/kg，变异系数为 0.61。其中，交换性镁含量≤25mg/kg 的占 5.9%，25～50mg/kg 的占 11.7%，50～100mg/kg 的占 40.5%，100～200mg/kg 的占 40.3%，200～300mg/kg 的占 1.6%。

九、土壤微量元素

土壤微量元素对作物生长影响的缺乏、适量和致毒量之间的范围较窄，因此土壤微量元素的供应不仅有不足的问题，也有过多造成毒害的问题。明确土壤微量元素的含量、分布和转化的规律，有助于正确判断土壤微量元素的供给情况。

1. 有效铁

全区农地土壤有效铁含量为 $0.11\sim325.75$mg/kg，平均为 130.03mg/kg，含量丰富，变异系数为 0.61。其中，有效铁含量$\leqslant5$mg/kg的占 3.0%，$5\sim20$mg/kg 的占 1.2%，$20\sim50$mg/kg 的占 2.1%，$50\sim100$mg/kg 的占 27.7%，$100\sim200$mg/kg 的占 56.3%，$200\sim300$mg/kg的占 6.9%，>300mg/kg 的占 2.9%。

2. 有效锰

全区农地土壤有效锰含量为 $0.82\sim237.31$mg/kg，平均为 35.96mg/kg，变异系数为 0.78。其中，有效锰含量$\leqslant1.0$mg/kg的占 0.3%，$1.0\sim5.0$mg/kg 的占 7.4%，$5.0\sim15.0$mg/kg 的占 19.2%，$15.0\sim30.0$mg/kg 的占 24.1%，$30.0\sim45.0$mg/kg 的占 16.2%，$45.0\sim60.0$mg/kg 的占 14.1%，>60.0mg/kg 的占 18.7%。

3. 有效铜

全区农地土壤有效铜含量为 $0.01\sim97.81$mg/kg，平均为 5.96mg/kg，较丰富，变异系数为 0.90。其中，有效铜含量$\leqslant0.5$mg/kg 的占 1.7%，$0.5\sim1.0$mg/kg 的占 2.2%，$1.0\sim2.0$mg/kg 的占 8.1%，$2.0\sim5.0$mg/kg 的占 41.3%，$5.0\sim10.0$mg/kg 的占 36.4%，$10.0\sim20.0$mg/kg 的占 8.2%，>20.0mg/kg的占 2.1%。

4. 有效锌

全区农地土壤有效锌含量为 $0.02\sim47.01$mg/kg，平均为 6.79mg/kg，丰富但不均衡，变异系数为 0.80。其中，有效锌含量≤0.5mg/kg 的占 5.6%，0.5～2.0mg/kg 的占 16.9%，2.0～5.0mg/kg 的占 30.2%，5.0～10mg/kg 的占 23.9%，10～20mg/kg 的占 18.4%，>20mg/kg 的占 4.9%。

5. 有效硼

全区农地土壤有效硼（水溶性硼）含量为 0.10～2.60mg/kg，平均为 1.27mg/kg，变异系数为 0.42，总体含量较丰富。其中，有效硼含量≤0.2mg/kg 的占 0.6%，0.2～0.5mg/kg 的占 5.9%，0.5～1.0mg/kg 的占 27.1%，1.0～1.5mg/kg 的占 35.9%，1.5～2.0mg/kg 的占 21.8%，>2.0mg/kg 的占 8.8%。对于一般作物来说，土壤有效硼缺乏的临界浓度为 0.50mg/kg，由此来看，临安区大多数农地土壤不缺硼。

十、地力特征

耕地地力是指耕地在一定利用方式下，在各种自然要素相互作用下所表现出来的生产能力的综合评价，是气候因素、地形地貌、成土母质、土壤理化性状、农田基础设施等因素相互作用表现出来的综合特征。依据《浙江省省级耕地地力分等定级技术规程》对临安区的耕地地力进行评价和分等定级，将全区耕地地力划分为三等六级：一等耕地（综合评级指数>0.80）占耕地总面积的 16.3%，其中一级耕地和二级耕地分别占 0.1%和 16.2%；主要分布在省道杭昱沿线及苕溪、天目溪、昌化溪两岸地区，土壤类型以水稻土、潮土为主，母质主要是河谷冲积物，地势平坦，土层厚，剖面均质，质地为中壤或轻壤，土壤肥沃，保肥保水性能好，土壤理化性状良好，可耕性强，无明显障碍因子，农业生产上基本没有限制因素。二等耕地（综合评价指数为 0.60～0.79）占耕地总面积的 80.5%，是临安区耕地的主体，其中三级地力和四级地力耕地分别占 49.1%和 31.4%；各镇街道都有分布，土壤类型主要有黄红壤、水稻土、潮土等。三等耕地（综合评价指数为 0.59 以下）占耕地总面积的 3.2%，全部为五级地力耕地；主要分布在县域西北部海拔较高的山垄间，土壤类型主要是山黄泥土、黄红泥土和黄泥土，土壤耕层浅薄，有机质和养分含量低，砾石含量高，以及农田基础条件较差，抗旱能力低。

十一、农地土壤地力的历史演变

第二次全国土壤普查后 30 多年来，临安区农地土壤的养分状况、耕地土壤环境质量、肥料投入状况、土壤性质等都发生了显著变化。土壤地力变化总体趋势为：pH 呈明显下降趋势，酸化趋重；土壤耕作层变薄；有机质、全氮含量减少，表现土壤供氮能力下降；碱解氮含量基本稳定，有效磷含量呈上升趋势，速效钾含量总体趋下降。

第四节　农业生产特点

临安区为杭州市辖面积最大的区，也是浙江省陆地面积最大的区，拥有"中国优秀旅游城市""国家森林城市""国家生态市""国家园林城市"等十多块"国字号"荣誉招牌。2017 年全区常住总人口 59.1 万。临安农林业全面贯彻创新、协调、绿色、开放、共享"五大发展理念"，全面推进生态农林业、特色农林业、智慧农林业发展，把绿水青山护得更美，把金山银山做得更大，充分发挥现代农林业在建设"三美"临安和高水平全面小康社会中的重要作用。

近年来，临安区坚持"生态经济化、经济生态化"的理念，有序开发利用山地资源，因地制宜发展山核桃、竹笋、香榧、粮食、畜牧、蔬菜、茶叶、水果、中药材、蚕桑、渔业等农林特色产业，实现了"绿水青山"和"金山银山"的协调发展。2017 年全市农林牧渔业总产值 62.94 亿元，农村常住居民人均可支配收入28 201元。临安是"中国山核桃之乡"，山核桃产业占据面积、产量、加工和效益"四个全国第一"，总面积突破 4 万 hm²，2017 年产量超过 1.2 万 t，种植面积和产量分别占全国的 40% 和 50% 以上，年交易额已经达到 10 亿元。临安是"中国竹子之乡""江南最大菜竹园"，竹林面积 5.6 万多 hm²，2017 年竹笋总产量 22 万多 t，产值 13 亿元左右。临安生态建设走在全国县（市）前列，全区森林覆盖率 81.93%。是全国首个碳汇林业试验区，建成有全球首个毛竹碳汇林和首个雷竹林碳汇通量观测塔，碳汇造林 1000 多 hm²，成立了中国绿色碳汇基金会临安碳汇专项基金。临安是杭州城区"夏淡"蔬菜主要供应基地，是全省山地蔬菜重点建设县和省保障性蔬菜基地建设县之一。2017 年全区蔬菜面积 1.67 万 hm²、产量 20.99 万 t、产值 6.26 亿元，其中山地蔬菜面积 0.23 万 hm²、产量 7.5 万 t、产值 3.1 亿元，"天目山"牌蔬菜成为省级名牌农产品。临安是中国有机茶发祥地，2017 年全区茶园总面积 0.43 万 hm²、产量 2 252t、产值 3.52 亿元。临安区是杭州地区主要的商品李生产优势区域，近年来水果产业发展势头迅猛，涌现出了横街葡萄、板桥草莓、上甘樱桃、葱坑杨梅、於潜天目李、龙岗水蜜桃等特色精品水果，2017 年水果面积达 0.27 万 hm²，产值 3.66 亿元。临安是小甘薯的特色产区，全区小甘薯面积达到 0.11 万 hm² 以上，年产值 1.5 亿元。全区从事小甘薯生产的农户上千户，从事产后加工销售的经营主体 10 余家。

第五节　土壤的主要障碍问题

随着人口—资源—环境之间矛盾的尖锐化，人类赖以生存和发展的土壤及土地资源的质量退化日趋严重，从 20 世纪 60 年代以来，世界各国对这个问题十分关注。临安区与其他地区一样，近年来随着对土地集约利用的加强，部分农地土壤呈现退化的趋势，主要表现在水土流失、土壤酸化、盐渍化、潜育化、耕作层浅薄化、有机质下降、养分的非均衡化、连作障碍和土壤污染等方面。土壤退化是一个非常复杂的问题，引起退化的原因是自然因素和人为因素共同作用的结果。自然因素包括破坏性自然灾害和异常的成土因素（如气候、母质、地形等），它是引起土壤侵蚀、沙化、盐化、酸化等的基础原因。而人与自然相互作用的不和谐即人为因素是加剧土壤退化的根本原因，人为活动不仅直接导致天然土地被占用等，更危险的是人类盲目开发利用土、水、气、生物等农业资源（如砍伐森林、过度放牧、不合理农业耕作等），造成生态环境的恶性循环。临安区地处亚热带地区，脱硅富铁铝化明显，自然土壤多呈酸性，但过量化肥的施用加剧了土壤的酸化。潜育化土壤主要分布在山垄，地势低洼、排水不良是形成潜育化的主要原因。临安区降水丰富，自然条件下不可能发生积盐，而盐渍化主要发生在设施土壤中，过量施肥和缺乏雨水淋洗是主要原因。土壤退化可对生态环境和国民经济造成巨大影响。其直接后果有：破坏陆地生态系统的平衡和稳定，导致土壤生产力和肥力降低；破坏自然景观及人类生存环境，诱发区域植被破坏、水系萎缩、森林衰亡和气候变化；水土的严重流失可加剧特大洪水的危害，对水库构成重大威胁。

土壤侵蚀是指土壤或成土母质在外力（水、风）作用下被破坏剥蚀、搬运和沉积的过程，其中"水土流失"一词是指在水力作用下土壤表层及其母质被剥蚀、冲刷搬运而流失的过程。临安区地处山区，山高地陡，多数旱地和园地土壤都存在不同程度的水土流失。土壤侵蚀以外力性质为依据，通常分为水力侵蚀、重力侵蚀、冻融侵蚀和风力侵蚀等，临安区的水土流失最主要的为水力侵蚀，以面蚀为主。面蚀是片状水流或雨滴对地表进行的一种比较均匀的侵蚀，它主要发生在没有植被或没有采取可靠的水土保持措施的坡耕地或荒坡上，是临安区水力侵蚀中最基本的一种侵蚀形式。面蚀所引起的地表变化是渐进的，不易为人们觉察，但它对地力减退的速度是惊人的，涉及的土地面积往往较大。影响土壤侵蚀的因素分为自然因素和人为因素。自然因素是水土流失发生、发展的先决条件，或者叫潜在因素，包括气候、地形、土壤、植被，临安区多暴雨、地表坡度陡、部分土壤抗蚀性弱是诱发水土流失的自然因素；

而坡耕地垦殖及缺乏水土保持措施都会加剧水土流失。水土流失可导致土壤肥力和质量下降，以及生态环境恶化。

　　土壤酸化在自然界是天然存在的，许多自然因素，例如土壤动植物的呼吸、雨水淋溶以及某些地球化学过程，都会造成土壤的酸化。临安广泛分布的地带性土壤——红壤就属于酸性土壤。尽管土壤酸化自然存在，但近年来人类活动大大加速了土壤酸化的进程。人类活动造成土壤酸化的原因主要包括大量施用氮肥等不恰当的农业措施以及由酸性气体增加造成的酸沉降加剧。大量的调查和监测表明，以农田土壤酸化为代表的土壤障碍因子已成为临安区高强度农业利用条件下粮食持续稳定高产的重要限制因素。土壤酸化的加速，产生了一系列生态后果和环境问题。土壤酸化改变了土壤的化学性质。pH 的下降，使土壤系统中许多平衡被打破，酸化土壤中的钙、镁、钾、钠等盐基离子不断淋失，磷酸根在酸性土壤中的固定能力加强，微量元素的淋失也会加速，造成土壤养分库损耗，土壤变得贫瘠。土壤酸度提高的情况下，许多对植物有重大毒害的金属离子如锰、铬、镉等的溶解度变大，浓度升高，不仅会影响作物生长，而且会通过食物链富集作用对动物和人类健康带来危害。土壤 pH 的降低会影响微生物和真菌的活性，影响土壤有机质的分解和碳、氮、硫等元素的全球循环。土壤动物的活性和群落特征也会受到土壤酸化的影响。酸化后土壤溶液的成分和性质发生改变，随着雨水下渗以及径流作用，进入水体，对水域生态系统带来了影响。

　　土壤盐渍化是指易溶性盐分在土壤表层积累的现象或过程。与干旱地区不同，临安区的盐渍化为次生盐渍化，是由不合理的人类活动引起的，临安区土壤盐渍化主要发生在大棚中，可溶性盐主要包括钠、钾、钙、镁等的硫酸盐、氯化物、碳酸盐。当土壤中可溶性盐含量增加时，土壤溶液的渗透压提高，导致植物根系吸水困难，轻者生长发育受到不同程度的抑制，严重时植物体内的水分会发生"反渗透"，导致凋萎死亡。高浓度的盐分破坏了植物对养分的平衡吸收，造成植物某些养分缺乏而发生营养紊乱。如过多的钠离子，会影响植物对钙、镁、钾的吸收，高浓度的钾又会妨碍植物对铁、镁的摄取，结果会导致诱发性的缺铁和缺镁症状。当土壤中含有一定量盐分时，特别是钠盐，对土壤胶体具有很强的分散能力，使团聚体被破坏，土粒高度分散、结构破坏，导致土壤湿时泥泞、干时板结坚硬，通气透水性不良，耕性变差。

土壤潜育化是土壤处于地下水饱和、过饱和长期浸润状态下，在 1m 内的土体中某些层段氧化还原电位（Eh）在 200mV 以下，并出现因 Fe、Mn 还原而生成的灰色斑纹层或青泥层的土壤形成过程。土壤类型主要是潜育性水稻土。临安区的水田潜育化伴随着冷浸田，主要分布在山间构造盆地内，其成因与排水不良和水过多有关。长期的潜育化土壤的土体内部因水分长期饱和，处于还原状态，土粒分散，呈稀糊状结构，水冷泥温低，养分供应速率慢，水、热、气、肥不协调，水稻坐蔸严重，产量低而不稳。

土传病害是指病原体生活在土壤中，条件适宜时从作物根部或茎部侵害作物而引起的病害。侵染病原包括真菌、细菌、放线菌、线虫等。常见的土传病害有辣椒、茄子、黄瓜的猝倒病、立枯病、疫病、根腐病、枯（黄）萎病，番茄、辣椒的青枯病，大白菜软腐病，油菜、莴苣菌核病等。土传病害一般危害植物的根和茎，作物生长前期一旦发生病害，幼苗根腐烂或是茎腐烂猝倒，幼苗死亡，严重时影响作物生长；作物生长后期发生病害，一般年份减产20%～30%，严重年份减产 50%～60%，甚至绝收。土传病害发病后，比较难防治，病菌藏在土壤中越冬很难被杀死，来年继续侵害作物，如此循环，病害越来越严重。引起土传病害的主要原因：一是连作，连续种植一类作物，使相应的某些病菌得以连年繁殖，在土壤中大量积累，形成病土，年年发病。如茄科蔬菜连作，容易发生疫病、枯萎病等；容易发生西瓜连作枯萎病。二是施肥不当，长期大量施用化肥尤其是氮肥可刺激土传病菌中的镰刀菌、轮枝菌和丝核菌生长，从而加重土传病害的发生。三是线虫侵害，土壤线虫可造成植物根系的伤口，有利于病菌侵染而使病害加重，往往线虫与真菌病害同时发生。

养分的非均衡化与不合理施肥有关。土壤化学肥料蓄积过多，特别是磷、钾元素蓄积过多，后者可抑制硼、钙、镁、锰、锌等中微量营养元素的吸收而出现生理性缺素症状，氮、磷、钾养分过大是引起土壤营养元素之间不平衡而产生生理性缺素的重要原因。向土壤中过量施入磷肥时，磷肥中的磷酸根离子与土壤中钙、镁等阳离子结合形成难溶性磷酸盐，既浪费磷肥又破坏了土壤团粒结构，致使土壤板结。向土壤中过量施入钾肥时，钾肥中的钾离子置换性特别强，能将形成土壤团粒结构的多价阳离子置换出来，致使土壤板结。土壤中单一使用化肥，破坏了土壤中的微生物群体平衡，有益菌和有害菌比例失调，有害菌增多，侵害植物，使得病害发生严重。

耕作层是指耕作施肥影响最大的表层土壤，它是作物扎根、吸收养分的主要场所。高产稳产的水稻田，通常要求具有疏松深厚的耕作层与厚度、密度适中的犁底层。耕作层变浅，无疑会对作物高产稳产带来不利影响。因而培育好适宜的土壤耕作层，不仅是实现作物高产稳产的有力保障，而且是实现农业可持续发展的必要条件。近年来，临安区部分农地耕层有变浅的趋势，其原因有以下几个方面：①长期浅耕或免耕；②种植熟制变化：从原来的三熟制转变为一季水稻为主，除小部分稻田种植油菜—水稻外，全年约一半时间农田荒芜、积水、沉淀，造成了耕作层变浅；③以旋代耕：临安是山区，为方便农机作业，农田耕翻大都采用小型耕翻机以旋耕措施进行。

土壤退化问题早已引起国内外土壤学家的关注，一般认为，土壤退化可导致土壤生产力、环境调控潜力和可持续发展能力下降甚至完全丧失，最终导致土壤资源的数量减少和质量降低。由此可见，土壤退化和土壤质量是紧密相关的一个问题的两个侧面。耕地土壤退化虽然受不利自然因素的影响，但人类高强度的利用，不合理的种植、耕作、施肥等活动，是导致耕地土壤生态平衡失调、环境质量变劣、再生能力衰退、生产力下降的主要原因。因此，防治土壤退化，首先要切实保护好对农业生产有着特殊重要性的耕地土壤。

第二章 CHAPTER 2
农地土壤质量因子的维护与改善

　　土壤质量是土壤众多物理、化学和生物学性质的综合体现，因此，提高土壤质量也应从提升土壤质量要素着手，通过提升和改善各个质量因子达到提高土壤综合质量的目的。

第一节　土壤酸化的控制与治理

　　从全球来看，自然形成的酸性土壤主要分布在热带、亚热带和温带地区。其中，我国的酸性土壤多分布在长江以南的广大热带、亚热带地区和云贵川等地，这些地区的土壤 pH 多小于 5.5。近半个世纪以来，随着工农业的发展，酸降发生频率和化肥用量的增加，酸化土壤的面积和酸化强度呈现增加的趋势。大量的调查和监测表明，以土壤酸化为代表的耕地土壤障碍因子已成为我国粮食主产区高强度农业利用下粮食持续稳定高产的重要限制因素。据 Guo 等（2010）在 *Science* 上报道，20 世纪 80 年代到 2000 年，我国南方红壤 pH 下降 0.23～0.30 个单位；南方水稻土 pH 下降 0.13～0.3 个 5 单位；华北平原农田 pH 下降 0.27～0.58 个单位；东北黑土区 pH 下降 0.32～0.72 个单位。其中，种植蔬菜、水果、茶叶等经济作物的土壤酸化比种植水稻、小麦、玉米、棉花等粮食作物的显著。据中国农业科学院长期定位对比试验 8～25 年的连续测定，农田土壤 pH 下降 0.45～2.20 个单位，土壤酸化主要发生在传统的 NPK 处理，而对照与休闲处理土壤酸化并不明显。由此可见，采取积极、有效的措施从根本上防止耕地土壤酸化已经刻不容缓。本章在分析耕地土壤酸化机理、危害及影响因素的基础上，从预防与修复两个层面探讨了防控耕地土壤酸化的技术措施，并介绍了临安区酸化土壤治理的状况。

一、土壤酸化的机理及其危害

1. 土壤酸化的机理

土壤酸化是指土壤中氢离子增加的过程或是土壤酸度由低变高的过程，是土壤形成与发育过程中普遍存在的自然过程。土壤酸化始于土壤中活性质子（氢离子）的形成，土壤中氢离子的来源很多，主要包括水的离解、碳酸的离解、有机酸的离解、大气酸降及生理酸性肥料的施用等。氢离子积累破坏了土壤中原来的化学平衡，氢离子与土壤胶体上被吸附的盐基离子发生交换使土壤胶体上氢离子饱和度不断增加，而盐基离子进入土壤溶液随雨水流失，导致土壤盐基饱和度下降，土壤酸性增加。当土壤胶体表面的氢离子达到一定限度时，土壤胶体的矿物结构会遭受破坏，氢离子可以自发地与土壤中固相的铝化合物反应，释放出等量的 Al^{3+}，后者水解可释放出 3 个 H^+。在自然条件下土壤酸化是一个相对缓慢的过程，土壤每下降一个 pH 单位需要数百年甚至上千年的时间；但人为活动（特别是大气酸沉降、化学肥料的施用）可导致土壤酸化的大大加速。

土壤酸化机制及酸化速率可用土壤质子平衡理论解释。从土壤系统中质子的输入—输出途径来看，质子来源包括大气沉降效应、施肥效应、生物量移除效应和土壤淋溶效应。由于不同生态系统中质子负荷组成的差异，各类土壤的酸化机制也存在着一定的差异。土壤系统中质子循环是较为复杂的元素循环过程，发生在土壤中的许多生物地球化学反应影响着质子的循环。许多质子产生过程同时伴随着质子消耗的可逆过程，不可逆的质子流输入引起了土壤的酸化。为量化质子循环对土壤酸化的影响，Van Breemen 等（1984）将土壤酸化定义为土壤酸中和能力（acid-neutralizing capacity，简称 ANC）降低的过程。土壤 ANC 可定量表征土壤碱性物质库容量的大小：$ANC = 6[Al_2O_3] + 6[Fe_2O_3] + 2[FeO] + 4[MnO_2] + 2[MnO] + 2[CaO] + 2[MgO] + 2[K_2O] + 2[Na_2O] - 2[SO_3] - 2[P_2O_5] - [Cl]$。

在农田土壤生态系统的元素循环过程中，大气沉降、人为施肥、生物产品收获、土壤侵蚀和淋溶都在以不同的物质输入—输出途径影响着土壤 ANC。质子输入的临时性效应引起了土壤 pH 的降低，永久性效应则引起了土壤 ANC 的降低。因此，土壤酸化速率（$-\Delta ANC$）可表示为：$-\Delta ANC = -(AC+BC-AA)_{沉降} - (AC+BC-AA)_{施肥} + (AC+BC-AA)_{收获} + (AC+BC-AA)_{淋溶}$。式中，"$\Delta$" 表示该离子的输入通量减去输出通量；离子通量的单位是 $kmol/(hm^2 \cdot 年)$；沉降和施肥前面的 "$-$" 表示输入流，收获和淋溶前面的 "$+$" 表示输出流。从质子的缓冲机制来看，质子负荷可分为酸性阳离子风化效应（$-\Delta AC$）、盐基阳离子风化效应（$-\Delta BC$）和酸性阴离子逆风化效应（ΔAA）。

2. 耕地土壤酸化的危害

土壤酸化对生态系统的危害是多方面的，既有对土壤本身的影响，也有对作物、对土壤周围环境的影响。大致包括以下几个方面：

（1）引起土壤退化　土壤酸化的直接后果是引起土壤质量的下降，主要表现在：①影响土壤微生物活性，改变了土壤碳、氮、硫等养分的循环；②减少对钙、镁、钾等养分离子的吸附量，降低土壤中盐基元素的含量；③影响土壤结构性，降低了土壤团聚体的稳定性，土壤耕性变差、宜耕性下降。

（2）加剧土壤污染　土壤酸度的提高可增强土壤中重金属元素的活性，增加了积累在土壤中的重金属对作物和环境的危害。

（3）降低农产品质量　土壤酸化后，土壤中活性铝增加，矿质营养元素含量降低，有效态重金属浓度增加，对植物根系生长产生极大影响，增加了病虫害的发生。重者导致植物铁、锰、铝中毒死亡，轻者影响农产品品质。

（4）影响地表水质量 土壤酸化后可导致土壤中铝活性的增加，增加铝溶出损失，导致周围地表水体的酸化，影响生态系统的功能。

二、影响耕地土壤酸化的因素

1. 气候条件

在自然条件下，土壤酸化主要与矿物的风化淋溶作用有关，并随淋溶强度的增加而增加。不同地区因气候条件的差异，其淋溶作用也有较大的差异，一般来说，高温、高湿的气候有利于土壤中矿物的风化。淋溶作用是风化产生的盐基离子淋失的不可缺少的条件，因此酸性土壤主要分布在湿润地区。在降雨或灌溉条件下，可溶性矿物养分可通过土壤淋溶离开植物根区土壤，进而进入地下水和邻近水域。在中性或碱性土壤上，盐基阳离子风化释放是主要的质子消耗机制，盐基阳离子尤其是钙离子的淋溶损失是土壤 ANC 下降的主要表现形式；在酸性土壤上，酸性阳离子尤其是铝的风化释放成为质子消耗的主要方式，土壤 ANC 下降主要表现为自由铝的淋溶损失。

2. 大气酸沉降

工业化和城市化的进程加重了大气硫和氮的沉降，其对生态系统具有明显的酸化效应。然而，来源于工业排放的碱性粉尘和沙尘暴的大气沉降中盐基阳离子输入，却对减缓酸雨的生态效应具有积极的意义。大气酸沉降可增加土壤中质子的输入量，可促进土壤的酸化。我国的酸性降水主要是以硫酸盐为主要成分，主要分布在长江以南地区。大气酸沉降下土壤酸化被加速的原因曾存在巨大的争议：一些学者认为产生于生态系统内部循环的质子加速了土壤酸化，而酸沉降和外源酸的作用非常小；而另外一些学者强调大气酸性物质输入对酸化的主导作用超过内源质子产生。大气湿沉降引入土壤的自由质子量有限，即使在酸雨严重的地区，自由质子的引入量也常不足 2.0kmol/（hm² · 年）。

3. 施肥和作物收获

自然条件下土壤酸化是一个速度非常缓慢的过程。但耕地土壤由于人为活动的强烈作用，其酸化速率明显增加，施肥引入的离子通量远大于大气沉降。由于多数化学肥料中含有等摩尔当量的盐基阳离子和酸性阴离子，几乎不含酸性阳离子，因而普通施肥对土壤ANC的影响并不大；但生理酸性肥料常常可引起土壤的明显酸化，常用的硫酸铵、尿素、过磷酸钙和氯化钾均属产酸肥料。施入土壤的有机物料（包括粪肥、绿肥和秸秆等）在土壤微生物作用下，可发生矿化分解，释放出的盐基阳离子量大于酸性阴离子量。不当的农田施肥措施是耕地土壤酸化加快的主要原因。据研究，我国农田施氮贡献 H^+ $20\sim33kmol/$（hm^2·年），大大高于其他低氮肥国家[$1.4\sim11.5kmol/$（hm^2·年）]。而酸沉降贡献一般为 $0.4\sim2.0kmol/$（hm^2·年），由氮肥驱动的酸化可达酸雨的 $10\sim100$ 倍。不同管理措施下，土壤酸化的速度亦有较大的差异。单施化肥的土壤容易发生酸化，而施有机肥或有机肥与化肥配合施用的土壤不易发生酸化。

连年的高产栽培从土壤中移走过多的碱基元素，如钙、镁、钾等，进一步导致土壤向酸化方向发展。作物的高产必须吸收大量的铵、钾、钙、镁等离子，且随收获物的转移而脱离土壤，这就是一般说的生物脱盐基化作用。生物量移除质子负荷始于叶片的光合作用，受植物固定大气 CO_2 形成有机酸根过程的驱动，通过同化过量的盐基阳离子向土壤输入不可逆的质子流。生物量移除对质子负荷的贡献取决于被移除的生物量及其生物碱度。生物脱盐基化作用留下的酸根离子可导致土壤酸化，因此依靠化肥支撑作物产量的生产模式，作物产量越高，移走的盐基离子越多，土壤酸化越严重。

4. 土壤缓冲性能

质子的产生和积累可使土壤向酸性方向发展，但其 pH 的变化与土壤对酸性物质的缓冲性有关。土壤的缓冲性能是指土壤抵抗土壤溶液中 H^+ 或 OH^- 浓度改变的能力，土壤缓冲作用的大小与土壤阳离子交换量有关，其随交换量的增大而增大。影响土壤缓冲性的因素主要有：①黏粒矿物类型：含蒙脱石和伊利石多的土壤，起缓冲性能也要大一些；②黏粒的含量：黏粒含量增加，缓冲性增强；③有机质含量：有机质多少与土壤缓冲性大小呈正相关。土壤缓冲性强弱的顺序是腐殖质土＞黏土＞沙土，故增加土壤有机质和黏粒，就可增加土壤的缓冲性。有机质和交换性盐基离子含量低、CEC 小的土壤，很容易受外界环境的影响而发生酸化。例如，花岗岩和第四纪红土发育的土壤因 CEC 低，容易发生酸化；而紫色土则由于其交换性盐基离子含量高、CEC 较高，对酸的缓冲能力强，其酸化也相应地要难得多。

三、减缓耕地土壤酸化的途径

对于具有潜在酸化趋势的土壤，通过合理的土壤管理可以减缓土壤的酸化进程。

1. 科学施肥与水分管理

铵态氮肥的施用是加速土壤酸化的重要原因，这是因为施入土壤中的铵离子通过硝化反应释放出氢离子。但不同品种的铵态氮肥对土壤酸化的影响程度不同，对土壤酸化作用最强的是 $(NH_4)_2SO_4$ 和 $(NH_4)H_2PO_4$，其次是 $(NH_4)_2HPO_4$，作用较弱的是 NH_4NO_3。因此，对外源酸缓冲能力弱的土壤，应尽量选用对土壤酸化作用弱的铵态氮肥品种。随水淋失是加剧土壤酸化的重要原因。因此，通过合理的水分管理，控制灌溉强度，以尽量减少 NO_3^- 的淋失，在一定程度上可减缓土壤酸化。

2. 秸秆还田和施用有机肥

作物的秸秆还田不但能改善土壤环境，而且还能减少碱性物质的流失，对减缓土壤酸化是有益的。植物在生长过程中，其体内会积累有机阴离子（碱）。当植物产品从土壤上被移走时，这些碱性物质也随之移走。在酸性土壤上多施优质有机肥或生物有机肥，可在一定程度上改良土壤的理化性质，提高土壤生产力，还能减缓土壤酸化。但需要注意的是，大量施用未发酵好的有机肥可能也会导致土壤的酸化，因为后者在分解过程中也可产生有机酸。

3. 优化种植结构

农业系统中的豆科作物也会通过 N 和 C 循环来影响土壤酸度。豆科作物通过生物固氮增加土壤有机氮的水平。土壤中有机氮的矿化和硝化及淋溶将导致土壤酸化。有研究表明，小麦—羽扇豆和小麦—蚕豆两种轮作措施与小麦—小麦轮作相比，土壤的酸化速度较快。目前，由于不当的农业措施引起的土壤酸化机制成为国内外土壤酸化的重要内容。豆科植物生长过程中，其根系会从土壤中吸收大量无机阳离子，导致其对阴阳离子吸收的不平衡，为保持体内的电荷平衡，它会通过根系向土壤中释放质子，加速土壤酸化。豆科植物的固氮作用增加了土壤的有机氮水平，有机氮的矿化及随后的硝化也是加速土壤酸化的原因。因此，对酸缓冲能力弱、具有潜在酸化趋势的土壤，应尽量减少豆科植物的种植。把收获的豆科植物秸秆还田可在一定程度上抵消酸化的作用。

四、酸化耕地土壤的修复技术

土壤酸化已成为影响农业生产和生态环境的一个重要因素，酸性土壤的改良也成为土壤质量研究的热点。近半个世纪以来，国内外对酸化土壤的修复已进行了较多的研究，积累了改良经验和方法。

1. 酸化耕地土壤改良剂的种类

酸性土壤改良的效果与改良剂的性质和土壤本身的性质有关。目前，改良剂的选择已经从传统的碱性矿物质如石灰、石膏、磷矿粉等转变为选择廉价、易得的碱性工业副产品和有机物料等。

（1）石灰改良剂　在酸性土壤中施用石灰或者石灰石粉是改良酸性土壤的传统和有效的方法。使用石灰可以中和土壤的活性酸和潜性酸，生成氢氧化物沉淀，消除铝毒，迅速有效地降低酸性土壤的酸度，还能增加土壤中交换性钙的含量。但有研究表明，施用石灰后土壤存在复酸化现象，即石灰的碱性消耗后土壤可再次发生酸化，而且酸化程度比施用石灰前有所加剧。其原因是施用石灰增加了 HCO_3^- 活度，加速了有机质的分解和增加了植物秸秆和籽粒移走的钙。另外，由于石灰在土壤中的移动性不高，长期、过量施用石灰会造成表层土壤的板结，并且会引起营养元素的失衡，有可能抑制作物的生长。

（2）矿物和工业废弃物 除了利用石灰改良酸性土壤的传统方法外，人们还发现利用某些矿物和工业废弃物也能改良土壤酸度，如白云石、磷石膏、粉煤灰、磷矿粉和碱渣等矿物和制浆废液污泥等工业废弃物。白云石是碳酸钙和碳酸镁以等分子比形成的结晶碳酸钙镁化合物，其改良酸性土壤的作用与石灰类似。磷石膏是磷复肥和磷化工行业的副产物，它的主要成分是硫酸钙，过去主要用于改良碱性土壤，近年用作酸性心土层的改良剂，效果很好。磷石膏中的硫酸钙与土壤反应后，SO_4^{2+} 和 OH^- 之间的配位基交换作用产生碱度。粉煤灰是火力发电厂的煤经高温燃烧后由除尘器收集的细灰，呈粒状结构，含有 CaO、MgO 等碱性物质，pH 为 10～12，可以中和土壤中的酸性物质。碱渣是制碱厂的废弃物，其主要成分为 $CaCO_3$、$Mg(OH)_2$ 等，pH 为 9.0～11.8，呈碱性。碱渣中还含有大量农作物所需的 Ca、Mg、Si、K、P 等多种元素，用此土壤改良剂代替石灰改良酸性、微酸性土壤，促进有机质的分解，补充微量元素的不足。造纸制浆废水处理产生的制浆废液污泥含有来自制浆原料中的木质素等有机质和相当量的石灰质，具有较强的碱性，不仅能中和土壤的酸度，还能补充酸性土壤所缺乏的 Ca 等有益于植物生长的元素。另外，磷矿粉、城市污水处理厂产生的碱性污泥、炼铝工业产生的赤泥、燃煤烟气脱硫副产物等也都应用于酸性土壤的改良，并取得一定的效果。

但以上改良剂也存在一些不足之处，如白云石成本较高，大多数工业废弃物含有一定量的有毒金属元素，但长期施用存在着污染环境的风险。

（3）有机物料改良剂　在农业上利用有机物料改良酸性土壤已经有千余年的历史。土壤中施用有机物质不仅能提供作物需要的养分，提高土壤的肥力水平，还能增加土壤微生物的活性，增强土壤对酸的缓冲性能。有机物料能与单体铝复合，降低土壤交换性铝的含量，减轻铝对植物的毒害作用。可作酸性土壤改良的有机物料种类很多，如各种农作物的秸秆、家畜粪肥、绿肥等。向土壤中加入绿肥，可增加铝在土壤固相表面的吸附，绿肥分解产生的有机阴离子与土壤表面羟基的配位交换反应将 OH^- 释放至土壤溶液中，可以中和土壤酸度，降低土壤铝的活性。泥炭可以解除铝毒，石灰可以降低土壤酸度，将泥炭与石灰混合施用也可以取得更好的改良酸性土壤的效果。

有研究表明，某些植物物料对土壤酸度具有明显的改良作用。这种改良作用不仅仅是通过增加土壤的有机质来增加土壤 CEC，而且由于植物物料或多或少含有一定量的灰化碱，能对土壤酸度起到直接的中和作用，可在短期内见效。豆科类植物物料比非豆科类植物物料的改良效果更佳，如将羽扇豆的茎和叶与酸性土壤一起培养，其 pH 增加的最大值可达 1～2 个单位，其原因是由于豆科植物因生物固氮作用会从土壤中大量吸收无机阳离子如 Ca^{2+}、Mg^{2+}、K^+ 等，导致植物体内无机阳离子的浓度高于无机阴离子的浓度，为保持植物体内电荷平衡植物体内有机阴离子浓度增加，这些有机阴离子是碱性物质，当植物物料施于酸性土壤时，这些碱性物质会很快释放，并中和土壤酸度。羽扇豆茎和叶所含灰化碱的量是小麦秸秆的 7 倍多。

（4）其他改良剂　近年来，人们还开发出营养型酸性土壤改良剂，即将植物所需的营养元素、改良剂及矿物载体混合，制成营养型改良剂。这种改良剂加入土壤后，在改良酸度的同时还提供植物所需的钙、镁、硫、锌、硼等养分元素，起到一举两得的效果。此外，生物质炭和草木灰对土壤酸性改良也有很好的效果。生物质炭呈现碱性，可以中和土壤酸度，降低铝对作物的毒害作用。另外，生物质炭还含有丰富的营养元素，可以提高酸性土壤有效养分的含量。我国农村废弃的植物物料资源丰富，如能利用这些植物物料资源开发生物质炭，一方面可以解决农业生产对改良剂的需求和农村废弃物的处置问题，另一方面还节约了农业的成本改良酸性土壤。焚烧作物茎秆产生草木灰在农村中很常见，木材工业的残余物的焚烧也会产生很多的草木灰，这些草木灰对酸性土壤也有很好的改良作用。草木灰在土壤中会产生石灰效应，使土壤的 pH 大幅度升高，草木灰能增加土壤养分含量，特别是钾含量丰富能极大提高土壤钾含量。

2. 石灰适宜用量的估算

石灰需要量是指为提升该土壤 pH 至某一目标 pH 时所需要施用的石灰量。许多因素影响石灰施用量：①待种植作物适宜的土壤 pH：不同作物适宜生长的土壤酸碱度不同。②土壤质地、有机质含量和 pH。③石灰施用时间和次数：石灰一般要在作物播种或种植前施用，有条件的农田应在播前 3～6 个月施石灰，这对强酸土壤尤为重要。石灰施用的次数取决于土壤质地、作物收获以及石灰用量等。沙质土壤最好少量多次地施，而黏质土壤宜多量少次。④石灰物质的种类。⑤耕作深度：目前，推荐施石灰主要针对 15cm 耕层土壤，耕深到 25cm 时，推荐的石灰量至少要增加 50%。确定土壤石灰需要量的方法很多，大致可归纳为直接测定法和经验估算法。直接测定法主要是利用土壤化学分析方法测定土壤中需要中和的酸的容量（交换性量），然后利用土壤交换酸数据折算为一定面积农田的石灰施用量。也可通过室内模拟试验建立石灰用量与改良后土壤 pH 的关系，再根据目标土壤 pH 估算石灰需要量。经验估算法是根据文献资料估算石灰需要量。一般而言，有机质含量及黏粒含量越高的土壤，表示其阳离子交换能量越大，因此石灰需要量也越大，且提升土壤 pH 至目标 pH 所需的时间也越长。各种改良剂中和酸的能力可有较大的差异。一般来说，石灰改良剂的中和能力较强，有机物料的中和能力较弱，对于强酸性土壤的改良应以石灰改良剂为主，而对于酸度较弱的土壤可选择有机物料进行改良。石灰物质的改良效果与其中和值、细度、反应能力和含水量等有关。

3. 石灰施用时间间隔和施用方法

（1）石灰施用时间间隔　施用不同用量的石灰物料其改良酸性土壤的后效长短不同。①石灰物料施用量低于 $750kg/hm^2$ 的时间间隔为 1.5 年；②石灰物料施用量 $750\sim1\,500kg/hm^2$ 的时间间隔为 2.0 年；③石灰物料施用量 $1\,500\sim3\,000kg/hm^2$ 的时间间隔为 2.5 年。

（2）石灰施用方法　由于石灰物质的溶解度不大，在土壤中的移动速度较小，所以应借助耕犁的农具将石灰与土壤均匀混合，以发挥其最大的效果。石灰物质可在作物收获后与栽种前的任何时间施用，但需注意的是，因土壤具有对 pH 缓冲能力，石灰施用后土壤 pH 并不是立即调升至所期盼的目标 pH，而是逐渐上升，有时可能需要超过一年的时间才能达成目标。若栽种多年生作物，则石灰与土壤的混合必须在播种前完成，同时尽可能远离播种期，以让石灰有充分时间发挥其效应。一般石灰物料在土壤剖面中的垂直移动距离极短，所以使土壤和石灰物质充分混合仍十分重要。

五、酸化耕地土壤的综合管理

大量的试验与生产实践表明，对酸化耕地土壤的治理应采取综合措施，在应用石灰改良剂降低土壤酸度的同时，增施有机肥和生物肥，提高土壤有机质，改善土壤结构，增加土壤缓冲能力。目前，国内外研究多集中于投加单一化学品（如石灰或白云石），传统的酸性土壤改良的方法是施用石灰或石灰石粉，需要加强综合改良技术的研究。在施肥管理环节，应从秸秆还田、增施有机肥、改良土壤结构，来提高土壤缓冲能力；通过改进施肥结构，防止因营养元素平衡失调等增加土壤的酸化。其次，开展土壤障碍因子诊断和矫治技术研究，通过生物修复、化学修复、物理修复等技术，筛选环境友好型土壤改良剂，推行土壤酸化的综合防控。开发新型高效、廉价和绿色环保的酸性土壤改良剂是今后的一个重要研究方面。

六、示范应用及成效

临安区地处浙江省西北部天目山区，境内以酸性较强的红壤和黄壤为主（两者占全区土壤面积的近80％）。临安区内pH＜4.5的强酸性土壤和pH为4.5～5.4的酸性土壤比例已分别占23.4％和46.6％。针对临安区农地土壤的酸化现状，根据《关于下达2018年中央财政农业资源及生态保护补助资金（耕地质量提升）的通知》（浙财农〔2018〕60号）、《关于印发2018年浙江省耕地保护与质量提升促进化肥减量增效工作实施方案的通知》（浙农专发〔2018〕68号）和《关于上报杭州市临安区2018年耕地土壤酸化治理示范县创建项目实施方案的报告》（临农〔2018〕204号）文件精神，通过采取技术物资补贴方式，强化政策扶持和项目带动力度，积极引导、鼓励和支持农民综合采用土壤调理剂、增施有机肥、生石灰施用和生物质炭推广等土壤改良、地力培肥技术，在土壤酸化较为明显的甘薯、蔬菜、雷笋作物种植区域开展了土壤酸化治理试验，缓解临安区耕地土壤酸化问题，有效提升耕地质量的总体要求，建设集中连片示范区0.27万hm²，辐射带动全区土壤酸化治理工作；集成推广调酸控酸、培肥改良等综合治理技术模式，有效缓减示范区内耕地土壤酸化问题，耕地质量有所提高。通过设置田间定位实验，监控和追踪不同改良剂对甘薯、蔬菜和雷竹林土壤pH、养分、土壤微生物、土壤酶活性及农产品的产量和质量等指标及甘薯、蔬菜和竹笋产量及品质的影响，确立合适的配比方案，集成多套适合甘薯、蔬菜和雷竹林土壤酸化高效治理体系，为示范区的推广应用提供科学依据。通过治理，示范区土壤pH平均提升0.2个单位，有机质含量达到 20g/kg。选择甘薯、蔬菜、雷笋等作物建设 3 个"千亩*核心示范区"，示范区面积 247.47hm²，推广区面积 2 575.67hm²，合计 2 823.14hm²，涉及 16 个镇（街道）。

第二节　土壤有机质的维持与提升

我国是一个人多地少的国家，耕地质量建设关系着粮食安全。如何实现耕地数量上的占补平衡，快速提升耕地土壤肥力，一直是土壤和土地管理工作者努力的方向。土壤有机质是土壤系统的基础物质，是耕地质量的核心，也是控制土壤养分供应能力和碳、氮、磷、硫循环的重要因子。良好的土壤物理、化学和生物学性质以及土壤的生产力都与土壤有机质的含量和性状密切相关。现阶段我国提升耕地土壤有机质水平有两个方面的战略需要。一是维持和提高我国耕地质量的需要。近几年的调查表明，我国大部分耕地土壤有机质严重偏低，导致了土壤板结、基础地力下降。基于我国耕地数量的严重不足及因化肥过量施用导致的环境污染的事实，仅靠增加农用化学品和能源投入量的模式来提高我国粮食生产能力不可持续，而提升耕地土壤有机质的水平、提高耕地基础地力，藏粮于土，将是粮食安全生产的必然选择。二是全球环境固碳的需要。大气 CO_2 浓度的急剧升高引起全球气候变暖是人们关注的环境问题之一，政府和社会公众都在努力寻求各种措施以有效控制温室气体浓度增加的趋势。农业不仅是温室气体的主要排放源之一，同时也是温室气体的吸收汇。中国作为世界上一个重要的农业大国，农业土壤对全球大气 CO_2 浓度有重要的影响，增加耕地土壤碳的固定，不仅可使退化土壤得以恢复，增加土壤肥力，提高作物生产力，而且可作为有效的、具有中长期利益的 CO_2 减排廉价途径。

───────────

* 亩为非法定计量单位，1 亩＝1/15hm²。——编者注

　　影响土壤有机质积累的因素众多，提升土壤有机质的过程较为复杂。因此，了解土壤有机质提升过程中的关键问题，对做好耕地土壤有机质提升工作有重要指导意义。为此，本节从评价土壤有机质质量与数量的方法、土壤有机质提升目标的设定、耕地土壤有机质提升最低有机物质投入量的估算、影响耕地土壤有机质提升的因素及耕地土壤有机质提升的综合技术等方面对耕地土壤有机质提升中的几个重要环节进行了探讨。

一、评价土壤有机质质量与数量的方法

　　对土壤有机质的研究一般可从数量与质量两个方面进行评价。其中土壤有机质总量是衡量土壤有机质积累状况最为方便的方法，并得到广泛的应用。土壤有机质总量评价一般采用两种方法：一是直接用化学分析或仪器分析（C/N 分析仪等）测定土壤有机质的总量；二是采用数学模拟方法模拟气候、土地利用方式等对土壤有机质的影响，后者多被用于土壤有机质的动态研究中。但近年来的研究表明，土壤中的活性有机质组分具有较高的活性和动态性，与土壤有机质总量比较，活性有机质组分更可能作为土壤质量变化的敏感指标，它们在养分循环和维持生态功能中发挥着更为重要的作用。土壤有机质各组分的转化过程和存留时间有较大差异，所以根据土壤有机质稳定性和转化时间的差异，可把土壤有机质分为活性的（易变的）和稳定的组分。一般认为，活性的有机质组分包括植物残留物、轻组分、微生物生物量碳、动物生物量碳及其排泄物、其他非腐殖物质等，其分解速度快，转化周期通常为几周到几个月的时间。稳定有机质组分是指矿化速率很低的土壤腐殖质部分，在土壤中能保存几年、几十年，或更长时间。活性有机质组分比非活性有机质组分在土壤养分循环中更为重要。目前，用于评估土壤中活性有机碳的主要指标有：用 0.333mol/L 高锰酸钾氧化法测定的土壤中易氧化有机碳，采用 Cambardell 和 Elliott 的方法分离测定土壤颗粒态有机碳（粒径大于 $53\mu m$ 土壤颗粒中的有机碳），利用

一定密度的重液（例如密度为 $1.8g/cm^3$ 的 NaI 溶液）分离测定土壤中轻组分有机碳（介于新鲜作物残体和稳固态有机碳之间的一种过渡状态），采用氯仿熏蒸—硫酸钾提取法测定的土壤微生物生物量碳（MBC），用去离子水浸提的土壤水溶性有机碳。

另外，Lefroy 等（1993）综合了土壤有机碳的总量与活性，首次提出了土壤碳库管理指数（CPMI）的概念。研究表明，土壤碳库管理指数可有效地反映土壤中有机物质的转化速率，它是比土壤有机碳总量更能作为土壤质量变化的敏感指标，并被广泛应用于施肥对土壤碳库影响的研究。土壤碳库管理指数的计算如下：碳库管理指数（CPMI）＝碳库指数（CPI）×碳库活度指数（AI）×100。其中：碳库指数（CPI）＝样品总碳含量（g/kg）/对照土壤总碳含量（g/kg）；碳库活度指数（AI）＝样品碳库活度（A）/对照土壤碳库活度；碳库活度（A）＝土壤活性有机碳含量（g/kg）/土壤非活性有机碳含量（g/kg）。总碳与活性碳的差值为非活性碳。碳库管理指数计算中的活性有机碳多指易氧化有机碳。在进行土壤有机质提升效果评价时，可根据需要选择土壤有机质总量、活性有机质组分或碳库管理指数等进行评价。

二、土壤有机质提升目标的设定

现有的研究表明，土壤有机质的积累不是无限度增加的，而是存在一个最大的保持容量（也称为饱和水平）。当初始土壤有机质含量远离饱和水平时，有机质有较大的增加潜力；但当土壤有机质接近饱和水平时，增加外源有机质的投入将不再增加土壤有机质库。无论是从减排大气 CO_2 的角度，还是从农业耕地地力提升的角度，人们都非常关心土壤有机质的积累潜力。因此，如何准确地评估土壤有机质的积累潜力已成为许多领域关心的问题。由于土壤性状、环境条件、土地利用方式的差异，不同地区、不同土壤的有机质积累潜力有很大的差异，其主要由生物潜力、物理化学潜力和社会经济潜力等几个方面构成。生物潜力与进入土壤的有机质源数量有关,主要与气候条件、外源有机物质投入量有关,它是土壤固碳的主要动力;物理化学潜力与土壤中有机碳的稳定机制有关,主要与粉沙、黏粒结合的化学稳定性,与微团聚体结合的物理稳定性和与有机质本身性质成分有关的生物学稳定性等有关;社会经济潜力与土壤管理措施等有关。某一特定年份土壤有机质的含量实际上是土壤与环境因素平衡的结果,是在自然和人为因素共同作用下形成的,其有机质含量取决于影响土壤的所有因素,可用函数表示为:土壤有机质=ƒ(土壤性状,土地利用方式,有机物质投入水平,气候,施肥水平;其他农业管理措施……)。目前,在土壤有机质提升工作中,有机物质的投入已引起足够的重视,但常常忽略了其他环境条件对土壤有机质积累的作用或影响。一般来说,有机质投入越高,土壤有机质积累潜力越大;黏质土壤的有机质积累潜力高于沙质土壤;潮湿/湿润地区的土壤比干旱地区的土壤更易积累有机质,水田土壤比旱地土壤容易积累有机质;水网平原、河谷平原农田土壤有机质积累潜力高于滨海平原和丘陵山地。

近几十年来,研究者已提出了许多土壤有机质积累潜力的计算方法,代表性的方法包括长期定位实验结果外推法、历史观察数据比较法、土地利用方式对比法和土壤有机碳(SOC)周转模型法等,其中前三种方法需要有长期的试验积累,后一种方法需要较为详细的基础数据。但在实际工作中,由于对各类土壤有机质可提升的潜力(目标值)认识的模糊,土壤有机质提升工作带有一定的盲目性和不可预测性。由于各地、各类土壤所处环境、利用方式和土壤性状的差异,各类土壤有机质提升目标的设定应该有所不同。在缺乏试验数据的情况下,可以当地同类地貌类型、相同利用模式、相同土壤类型及相似管理水平的肥力较高的土壤有机质水平作为土壤有机质提升的目标。

三、耕地土壤有机质提升最低有机物质投入量的估算

在进行耕地土壤有机质提升时,有机物质的投入是必需的。为

了便于理解，本文把为提高耕地地力的有机物质投入量分为两个方面：一是为维持土壤本身有机质所需要的有机物质投入量，二是为提高土壤有机质水平需要投入的土壤有机物质量。

由于土壤本身的有机质存在矿化（分解）现象，即每年都有一定数量的土壤有机质将被矿化，只有每年投入的有机物质转化形成的土壤有机质的数量超过了因矿化损失的土壤有机质的数量，才能使土壤有机质的水平得以维持或提高。因此，确定这一为维持耕地土壤有机质水平所需要的最低有机物质投入量非常重要。

目前关于土壤有机质平衡研究的方法可分为以下几类：①普通方法（平衡法）：根据农田有机质"进去"与"出来"的量，建立适当的模型，进行计算。②碳同位素标记法：常用的同位素是^{13}C和^{14}C。同位素标记可以清楚地获得碳流向和碳通量，为碳循环的深入研究、模型的细化以及参数的确定提供了科学的方法，因此得到广泛的应用。③转化模型与计算机模拟法：Jenny（1941）较早提出有机碳变化模拟模型：$dC/dt = A - kC$。式中，C 为土壤中有机碳含量；t 为有机碳变化的时间（年）；A 为每年加入土壤中有机物碳质量；k 为土壤有机碳的年矿化率（每年的分解比例）。在此基础上，Hemin 等（1945）提出简单的土壤有机碳分解模型：$dC/dt = fP - kC$。式中，P 为新鲜有机碳的输入量；f 为腐殖化系数；k 为土壤有机碳的矿化率；C 为土壤有机碳初始含量。从20 世纪 70 年代开始，土壤有机碳模拟模型成为土壤学家研究的重要领域。目前，除了洛桑 Roth C 和美国 CENTURY 模型外，在世界上具有一定影响的模型包括：DNDC、CANDY、DAISY、NCSOIL、SOMM、ITE、Q-SOIL、VVV、SCNC、ICBM、ROMUL、ECOSYS 等。Roth C 模型由英国洛桑试验站建立，该模型中根据土壤有机质的稳定性把土壤有机质分为多个组分，需要详细的土壤分析数据。CENTURY 模型是美国科拉罗多州立大学于 20 世纪 80 年代建立的，用于模型研究生态系统中 C、N、P、S等元素的长期演变过程，预测量需要土壤质地、土层厚度、土壤容重、pH、气象参数（以月为步长）、初始土壤有机质参数和管理参数（包括种植作物种类、耕作方式、施化肥种类数量、收获作物方式、施用有机肥种类数量、作物开始生长时间、作物结束生长时间）等多方面的数据。

根据当地土壤有机质含量、有机质年矿化率和进入土壤有机物质的腐殖化系数可确定维持耕层土壤有机质平衡的有机物质的用量。土壤有机质年变化量＝有机质的补充量－有机质分解量，即：$dc = A - rC$。式中，dc 表示土壤有机质的变化量；A 表示有机质的补充量；r 表示土壤有机质年矿化率；C 表示土壤有机质量。当土壤有机质达到平衡时，$C_e = A/k$（C_e 为平衡时土壤有机碳的数量）；而式中 $A = fP$（f 为有机物料的腐殖化系数，P 为每年进入土壤的有机物料中碳的数量）。例如，土壤原有机质含量为 20g/kg，每公顷耕层中有机质数量为 45 000kg，若年矿化率为 2%，则每年消耗的有机质量为 900kg。若有机质的腐殖化系数为 0.25，则每公顷需加入 3 600kg 有机肥才能达到土壤耕层有机质平衡。

依照生态平衡和经济环保的原则，综合考虑维持耕层土壤有机质平衡、有机肥用量上限和秸秆还田量，采用同效当量法，可确定商品有机肥用量。计算公式：$M = [WkC - f_1R] / f_2R$。式中，M 为有机肥施用量（kg/hm²）；W 为单位面积耕层土壤质量（kg/hm²）；k 为土壤有机碳年矿化率（%）；C 为原土壤有机碳含量（g/kg）；f_1 为根茬的腐殖化系数（%）；R 为耕层中根茬量（kg/hm²）；f_2 为施入有机肥的腐殖化系数（%）；R 为有机肥中有机碳的含量（%）。在计算时，一般都是把有机物质量统一折算为有机碳量。土壤有机质矿化系数和投入土壤有机物质的腐殖化系数可通过试验或引用相关文献获得。

四、提升土壤有机质的有机物质投入估算

除以上为保持土壤有机质水平而需要投入的有机物质外，为达

到有机质增加的目的，还需要在保持土壤有机质水平需投入有机物质水平的基础上，根据提升目标，增加有机物质的投入。

土壤有机质的增加量（指已有为维持土壤有机质现状的有机物质投入的前提下）可按下式估算：$C_{增加} = A_1 f_1 + A_2 f_2 + \cdots\cdots$。式中，$A_1$、$A_2$……为补充的各种有机物投入量，$f_1$、$f_2$……为各种补充有机物料的腐殖化系数。也可利用上式反推在每年设定有机质增量所需要的有机物质投入量。若 1hm² 土壤质量 225 万 kg（土层 20cm，容重 1.13g/cm³），某一研究土壤有机质含量为 11.36g/kg，有机物料的年腐解残留率（腐殖化系数）以 0.25 计算，欲使该土壤有机质从目前的含量（12.00g/kg）提高到 14.00g/kg，则每年需向土壤额外（为维持土壤有机质水平而需要施用的有机物质外）投入有机物料（干）18 000kg/hm² ［（2 250 000 × （14 − 12）÷0.25÷1 000）］。按折干率为 60% 计算，则需年投入生料有机质 30 000kg/hm²。

农田每年实际有机物质投入量应是以下两部分之和：即耕地土壤有机质提升最低有机物质投入量和每年有机质设定增量所需要的有机物质投入量。在施用有机物料情况下，土壤有机碳的积累可按下式估算：$C = C_e + (C_0 - C_e) e^{-rt}$。式中，$C$ 为时间 t 年时土壤有机碳含量（g/kg），C_0 为试验初期土壤有机碳含量（g/kg），C_e 为平衡时土壤有机碳含量（g/kg）。

五、影响耕地土壤有机质提升的因素

土壤有机质的积累除与当地气候有关外，农业管理也是影响土壤有机质转化循环的另一个重要因素，它可以改变土壤有机质的循环过程和强度，最终影响有机质的平衡水平。对于特定地区，气候条件相对稳定，农业措施是影响土壤有机质积累的主要因素。常见的农业措施主要有施肥、利用方式、耕作制度等。

1. 施肥

施肥是对耕地质量影响最广泛的农业措施，农业上施用的肥料包括化肥和有机肥等。施肥对土壤有机质的影响大致与以下三个方面有关：①施肥促进了农作物的生长，增加了生物产量，从而增加了以根系及地上部分还田方式进入土壤的有机物质量；②施肥改变了土壤养分状况，特别是氮肥改变了土壤的 N/C，直接影响微生物对土壤有机质的矿化与同化；③有机肥的施用直接影响了有机物质的输入量。

我国的长期定位试验表明，施用有机肥和化肥对土壤有机质的影响因土壤类型、肥料种类和作物轮作方式等而异。一般来说，单施有机肥、氮磷钾化肥配施或有机—无机肥料配合施用均可增加土壤有机质含量，在低有机质土壤上的增加效果尤为明显；同时施氮、磷肥或氮、钾肥，土壤有机质也略有增加；单施氮肥、磷肥、钾肥或磷、钾配肥，有时会导致土壤有机质的下降，但下降幅度小于无肥区。不施肥料可导致土壤有机质迅速下降，但下降速度经过一段时间后减慢，并趋于平衡。有机肥料种类不同时对土壤有机质积累的影响也不相同，一般是秸秆的效果大于厩肥，厩肥的效果又大于堆肥，绿肥的效果较差。无机化肥提高土壤有机质的原因，主要是化肥使作物繁茂，根茬、枝叶等残留量增多。长期施肥改变土壤有机质含量的同时，也使有机质在剖面中的分布发生变化，影响深达 100cm，但 60cm 以上土层变化明显。长期施用有机肥料或氮、磷、钾肥配合施用，不但增加土壤有机质的数量，同时还能改善和提高土壤有机质的质量，提高腐殖质含量，但有机肥对土壤腐殖质的积累作用大于氮、磷、钾化肥。

2. 耕作

耕作是在农业生产中为了达到持续高产所采取的技术措施。其对土壤的作用包括以下几个方面：①松土：调节土壤三相比的关系；②翻土：掩埋肥料，调整耕层养分垂直分布，消灭杂草和病虫害；③混土：使土肥相融，形成均匀一致的营养环境；④平地：形成平整表层，便于播种、出苗和灌溉；⑤压土：有保墒和引墒的双重作用。常见的耕作法主要有：①平翻耕法：是我国典型的精耕细作模式，包括基本耕作（深度 20～25cm）、表土耕作（耙地、糖地、压地）及中耕（在作物的生育期间进行的一种表土耕作措施，其作用在于消灭杂草，疏松土壤，促进作物根系生长）。②少耕法与免耕法：由 20 世纪 20～30 年代兴起与发展而来，60～70 年代引起人们的普遍重视，目前已在许多国家进行试验或推广。其中，少耕法为尽量减少土壤耕作作业的次数，一次完成多种作业，以减轻风蚀和水蚀。免耕法除将种子放入土壤中的措施外，不再进行任何耕作。

一般来说，频繁的耕作可促进土壤有机质的矿化，而免耕则有利于土壤有机质的积累。免耕土壤的有机质垂直方向上差异明显，而经常耕作的土壤，有机质在耕作层上分布较为均匀。耕作改变土壤有机质主要与以下几个方面有关：①耕作改变了土壤团聚体的结构，改变了土壤的温度状况，影响了土壤有机质的物理稳定性，从而改变了土壤有机质的矿化速率。②耕作改变了土壤侵蚀的潜力，影响了土壤有机物质的损失。此外，由于土壤有机质有沿垂直方向下降的特点，土壤深耕可能会引起耕作层内土壤有机质含量的下降。另外，在土地平整时，如果没有采取必要的措施保护耕作层，其可能会导致土壤耕作层有机质急剧下降。

3. 土地利用

土地利用是指在一定社会生产方式下，人们为了一定的目的，依据土地自然属性及其规律，对土地进行的使用、保护和改造活动，是人们对土地经营方式的一种选择。土地利用方式可影响土壤的功能和性质，能增加或降低土壤碳的数量，并改变微生物多样性，使土壤成为碳的源或汇，从而影响着大气中 CO_2 的浓度。不同的土地利用方式对施肥、耕作、水分管理等有不同的要求，因此，土地利用方式的变化可对土壤养分平衡、有机质的输入与输出、土壤温度、土壤水分条件产生极大的影响。

从国内外众多的土地利用方式对土壤碳库的影响研究中大致可以获得以下结论：与自然林地比较，农业用地的土壤有机质明显低于林地；双季稻与水旱轮作农田土壤有机质明显高于相应的旱地，浙江省第二次土壤普查的调查表明，水田土壤有机质比相应的旱地高30％～100％。

由于不同土利用方式之间的土壤有机质存在不同的有机质平衡过程，因此当土地利用方式发生改变时，土壤有机质可在短时间内发生明显的变化。一般是在土地利用方式发生转变初期（5～7年内）土壤有机质变化最为明显；15～20年后，土壤有机质变化趋于平缓，并可能在20～50年内达到一个新的平衡水平。例如，水田改旱种植蔬菜等可引起土壤有机质的下降，其中大棚蔬菜地因温度较高，其有机质下降更为明显。

4. 时间

土壤有机质的提升是一个长期、逐渐缓进的过程，因此，在进行区域耕地土壤有机质提升时必须有一个长远计划。在设定年度有机质提升计划时，提升目标不宜过高，确定一个合适、可行的年度有机质提升量非常重要。另外，土壤有机质的提升并不是一劳永逸的，在完成某一有机质提升工程项目后，还需要继续做好土壤有机质的维持工作，否则提升后的耕地土壤有机质会发生重新下降。

六、耕地土壤有机质提升的综合技术

国内外的研究表明，退化土壤中有60％～70％的已经损耗的碳可通过采取合理的农业管理方式和退化土壤弃耕恢复而重新固定。这些方法包括土壤弃耕恢复、免耕、合理选择作物轮作、冬季用作物秸秆覆盖、减少夏季耕作、利用生物固氮等。从以上讨论可知，影响土壤有机质因素很多，因此在制定土壤有机质提升方案时除做好有机物质的投入工作外，还应有其他配套措施，采取综合措施才能有效地达到提升土壤有机质的目的。

1. 因地制宜推行各种有机物质投入技术

各种有机物料的投入都可能增加土壤有机质的积累。因此，在保证环境安全的前提下，可因地制宜地选择当地各种有机物源开展土壤有机质的提升。相关技术包括秸秆还田技术、商品有机肥施用技术、绿肥种植技术等。

2. 实施测土配方施肥技术

测土配方技术是国际上普遍采用的科学施肥技术之一，它是以土壤测试和肥料田间试验为基础，根据作物的需肥特性、土壤的供肥能力和肥料效应，在合理施用有机肥的基础上，确定氮、磷、钾以及其他中微量元素的合理施肥量及施用方法，以满足作物均衡吸收各种营养，维持土壤肥力水平，减少养分流失对环境的污染，达到优质、高效、高产的目的。施用合适的氮、磷、钾配方的肥料，也可优化土壤养分，促进土壤中碳、氮的良性循环，也能达到维护或提高土壤有机质的目的。其中，做好化肥与有机肥的配合施用非常重要。

3. 推广土壤改良技术

土壤有机质的积累除了与有足够的有机物质投入有关外，还需要有一个良好的土壤环境。土壤过酸、过碱、盐分过多、结构不良都会影响土壤中微生物的活动，从而影响土壤有机质的提升。因此，在开展耕地土壤有机质的提升时，也应同时做好土壤改良工作，消除土壤障碍因素，达到土壤有机质良性循环的目的。

4. 合理轮作和用养结合

近年来，某些地区农作物复种指数越来越高，致使许多土壤有机质含量降低，肥力下降。实行轮作、间作制度，调整种植结构，做到用地与养地相结合，不仅可以保持和提高土壤有机质含量，而且还能改善农产品品质，对促进农业可持续发展，具有重要的意义。此外，冬季增加地表覆盖度（或种植绿肥），推行少耕免耕、控制水土流失也可降低土壤有机质的降解、促进土壤有机质的提升。据国内外研究，在旱地上发展灌溉可大大增加土壤中有机质的积累。另外，在培肥地力时必须加强地力监测，长期、定位监测在不同施肥方式下耕地地力的变化态势，及时调整农田的施肥指导方案，从而实现对耕地质量的动态管理。同时，在进行土壤有机质提升时还需通过加强农田基础设施建设，增加田块耕层厚度，达到扩大土壤有机质容量的目的。

总之，在耕地地力提升时，应扩大绿肥种植和农作物秸秆还田面积，增加商品有机肥投入，实施测土施肥技术等多种途径，提升土壤有机质含量，提高土壤保肥供肥性能，最终达到为土壤"增肥"的目的。

第三节 土壤氮、磷、钾的平衡

丰富的土壤营养元素含量和均衡的供应能力是农作物高产稳产的基础。由于自然因素和成土母质等影响，临安区不同农地土壤的营养元素含量存在显著差异，部分土壤存在营养元素缺乏问题。例如，对水稻土的调查表明，磷素富足土壤（有效磷超过 20mg/kg）只占水稻土面积的 17.7%，中等水平（有效磷 10～20mg/kg）占水稻土面积的 14.6%，缺磷（有效磷低于 10mg/kg）占水稻土面积的 67.7%。土壤含钾较为丰富的（速效钾＞100mg/kg）占水稻土面积的 10.84%，中等水平（速效钾 60～100mg/kg）占水稻土面积的 62.56%，缺钾（速效钾＜60mg/kg）占水稻土面积的 26.6%。全区土壤缺磷、钾情况比较普遍。近年来的土壤测试显示，有 60% 多土样的磷和钾含量在作物所需养分的临界值以下，表明临安区多年种植粮油作物的农田土壤中，磷和钾缺乏是阻碍粮油作物产量提高的重要因素之一。同时，随着效益农业发展，临安市标准农田中经济作物种植面积大幅度扩大，已占 60% 以上，这部分农田由于经济效益比较高，农户投入大，但肥料投入不科学，以施氮肥为主，而不注意磷、钾肥配合施用，农田土壤养分投入不平衡加剧了这部分农田的缺磷、钾问题。另据不同产业带土壤调查，雷竹产业带土壤有效磷较高，有效磷含量＞50mg/kg 的占 55.6%，而粮食、茶叶和山核桃产业带土壤缺磷严重；雷竹产业带土壤速效钾＞200mg/kg 的分别占 31.1%。以雷竹为例，长期偏施化肥，使雷竹生长所需的养分与投入的肥料养分不平衡，导致土壤养分失衡。因此，抓好磷、钾肥的配套施入，促使土壤有效磷和速效钾含量达到作物生长所需要求，是临安区农地土壤质量提升的重要措施之一。

一、土壤氮素的调控

当前在推行配方施肥的过程中，土壤供氮量是一个重要参数，一般认为土壤有效氮包括铵态氮、硝态氮及易水解易氧化的有机氮，其是土壤全氮、施肥水平、土壤理化性状、环境条件及作物类型等生物因子和非生物因子的综合作用的结果。土壤有效氮素不足，直接影响农作物的高产稳产，但一旦氮肥施用过量，氮素就会淋失，对环境造成污染。因此，正确的土壤氮素管理对维持作物产量和环境质量至关重要。土壤中的氮素在微生物的作用下可以转化成多种形态，而且转化过程迅速，涉及的过程包括生物固氮、矿化和固定、反硝化作用、NH_3的挥发和NH_4^+的固定。土壤氮素管理问题主要包括两个方面，即土壤氮素的含量及其保持和提高，土壤氮素供应状况及其调节，前者与土壤培肥密切相关，后者则是为了充分发挥施肥等措施的作用，以夺取当季作物的高产。其主要措施如下。

1. 精准施用化学氮肥

无机态氮占土壤全氮的1%，易溶于水，但含量较低，因此，多数的土壤氮素不能满足作物生长的需求，要通过施肥来予以调节和补充。但氮肥的过量施用会造成其利用率降低，经济效益下降，并引起地下水、地表水和大气的污染，影响人体健康。根据土壤供氮能力，合理施用氮肥来提高氮肥利用率，减少环境污染，提高作物产量和品质。临安区区域土壤条件差异大、耕作制度复杂，要充分考虑土壤—作物生态体系，根据不同区域土壤条件、作物产量潜力和养分综合管理要求，合理制定各区域、作物单位面积氮肥限量标准，确定全年及每季作物的施氮品种、数量和时期，以达到发挥氮肥最佳经济效益的效果。

2. 增施有机肥

土壤氮素包括有机态氮和无机态氮两种形式，以有机态为主，所以土壤全氮含量随土壤有机质含量而异，两者呈显著正相关关系。有机态氮主要来源于土壤腐殖质、动植物残体或施入的人畜粪尿、堆肥、绿肥等。对于长期不同培肥措施的土壤—作物体系，作物吸收土壤有效氮库中无机氮的同时，又吸收从土壤有机氮库中矿化出来的有效氮部分，而每年施入的有机、无机氮肥又对土壤中不同氮库进行补充。因此，土壤中增施各类有机物质，相应地会增加土壤全氮量，但因不同有机肥源的 C/N 比值差异较大而增量不一。同时，水热条件、土壤质地和耕作利用方式等也影响有机物质矿化作用，应根据不同的耕作制度合理地选择不同的有机肥源和施用数量。

3. 调整肥料施用结构

试验研究表明，单施氮肥效果很差，合理的氮、磷、钾配比可提高土壤肥力，增加作物产量，减少肥料对环境的影响。充分利用测土配方施肥成果，制定各种作物的肥料配方，大力推广应用配方肥，在施用有机肥的基础上，配施配方肥，达到土壤养分平衡。大力推广高效新型氮肥，如包膜尿素、脲铵、硝基氮化物等新型缓控释氮肥，减缓氮素释放速率，提高氮肥利用率。有条件的地方，可施入适量的生物炭，充分利用生物炭的比表面积大和较强的阳离子交换量，吸附养分将养分滞留在土壤里，增加土壤中的氮素含量。

4. 改进施肥方式

改进施氮方式，推广先进适用的施肥设备，改表施、撒施为机械深施，减少氮肥挥发和流失；在有滴、喷灌条件的蔬菜、果树等经济作物上，推行施肥与灌溉相结合、节水与节肥相协调的土肥水耦合技术，推广精量化、一体化施肥技术。

二、土壤磷素的调控

土壤磷的生物有效性不一定与全磷有关，其供应能力可用有效磷表示，可被植物直接吸收的磷主要包括水溶性的、弱酸溶性的磷素，长期施用磷肥是土壤有效磷积累的主要原因。土壤磷素调控主要是为了提高土壤供磷能力，增加土壤有效磷的水平。土壤有效磷含量变化是一个十分复杂的问题，它不但与不同生物、气候条件下土壤不同形态磷间的动态平衡有关，而且还与土壤水分条件、耕作施肥等密切相关。土壤有效磷因土壤酸碱度不同而选择不同的方法进行测定，中性和碱性土壤采用 Olsen 法，酸性土壤采用 Bray 法。缺磷时，植物体组织中无机磷含量首先明显降低，不仅影响着作物产量，而且降低农产品品质。因此，根据土壤植物营养状况，合理施用磷肥是十分必要的。提高土壤中磷的有效性，一般要从以下三方面调控：一是调节土壤环境，促进磷素释放；二是防止土壤侵蚀，减少磷素流失；三是科学施用磷肥，提高磷肥利用率。

1. 调节土壤环境，促进磷素释放

主要包括：①调节土壤 pH。在中性条件下，土壤磷的固定较弱，有效性相对较高。在酸性土壤上施用石灰，降低其酸性，以减少土壤中的活性 Al^{3+}、Fe^{3+} 数量，降低固磷作用。由于土壤酸度降低有利于微生物的活动，因此施用石灰能增强土壤有机磷的矿化过程。②增加土壤有机质。土壤有机质含量的增加，一方面增加了土壤有机磷的储备，另一方面有机质可以与铁、铝、钙、镁发生络合作用，降低 Fe^{3+}、Al^{3+}、Ca^{2+} 的离子浓度，减弱磷的化学固定作用。有机质还可以在土壤固相表面上形成胶膜，甚至减弱固相表面的专性吸附位，减弱固相表面的固磷作用。③土壤淹水。淹水条件下土壤氧化还原电位降低，土壤中的高价铁被还原成低价铁，形成溶解度较高的磷酸铁盐；土壤氧化还原电位降低，酸性土壤的 pH 将上升，促使土壤中的活性铁、铝沉淀，磷的固定可以减少；而碱性土壤 pH 下降，可以促使磷酸钙盐的溶解，提高磷的有效性；闭蓄态磷表面铁胶膜的溶解可以提高磷的有效性。

2. 防止土壤侵蚀，减少磷素损失

在一些水土流失严重的地区，地表径流土壤可以将土壤磷素迁移到水体，一方面造成土壤磷损失，另一方面污染水环境。搞好水土保持是减少磷素损失的重要途径。

3. 科学施用磷肥、提高磷的利用率

速效磷肥应采取集中施用的方法，尽量减少或避免与土壤的接触面，把磷肥施在根系附近，还可以采取叶面喷施等方法。磷化肥与有机肥混合堆沤后一起施用，效果较好。酸性土壤上施用磷矿粉，有利于提高磷矿粉的有效性。磷肥施用还应考虑到土壤条件、作物种类和轮作制度，选择适宜的方法和施用期，如油—稻、肥—稻的轮作模式下，在前茬作物上施磷肥有助于提高磷的利用率。

三、土壤钾素的调控

不同土壤对钾肥的反应主要取决于土壤的钾素供应水平，土壤钾素的自然供给源是土壤的含钾矿物，按化学组成可分为水溶性钾、交换性钾、非交换性钾和结构态钾。其中，水溶性钾是指以离子形态存在于土壤溶液中的钾，通常含量为 $1\sim10mg/kg$，占土壤全钾含量的 $0.1\%\sim0.2\%$，水溶性钾可以直接被植物吸收利用，常被认为是土壤供钾能力的强度因素。交换性钾是指土壤胶体负电荷位点上吸附的钾离子以及位于云母类矿物风化边缘楔形带内可被氢离子和铵离子交换但不能被钙、镁水化半径大的离子所交换的特殊吸附的钾，一般含量 $9\sim90mg/kg$，占土壤全钾含量的 $0.9\%\sim1.8\%$，这部分钾易被代换到土壤溶液中去，供当季植物吸收利用，是土壤中可供植物吸收的钾的主要部分，因此，交换性钾常被认为是土壤供钾能力的容量因素。土壤钾素按作物有效性又可以分为速效性钾、缓效性钾和无效性钾，而水溶性钾和交换性钾被称为速效性钾（速效钾），相对含量仅为 $0.1\%\sim2\%$，可以被当季作物吸收利用，是土壤肥力高低的重要标志；缓效性钾存在于蛭石、云母、水化云母、绿泥石与蛭石的过渡性矿物等次生矿物的晶体间，与速效钾保持动态平衡，是土壤供钾的潜力指标；无效性钾占全钾的 90% 以上，多存在于原生矿物与次生矿物中。

影响土壤速效钾的主要因素包括成土母质、土壤风化程度、土壤酸碱度、土壤质地和有机质含量，一般情况下，酸性土壤、沙质土壤和有机质较低的土壤容易发生缺钾。临安区属集约型多熟制农业区域，复种指数高，钾肥需求量大；与此同时，高产品种的引进和科学栽培技术的应用使得作物产量不断提高，从土壤中带走的钾素越来越多，加剧了土壤钾素的消耗，致使部分地区土壤钾素亏缺严重，但由于历史、自然条件以及施肥习惯等原因，农民偏施氮肥和磷肥，对钾肥的重视度不够，导致部分地区土壤钾素含量偏低。一般来说，决定钾肥效果的因素有：土壤钾的供应水平、农业生产水平、与氮磷肥的配合、有机肥的种类、钾肥品种、施肥技术等。针对该区域土壤钾素现状和土壤性状及耕作制度特点，建议从以下三方面调控土壤钾素含量。

1. 优化钾肥施用策略

具体措施有：①因土施钾。钾肥应首先投放在土壤严重缺钾的区域，一般土壤速效钾低于 80mg/kg 时，增施钾肥效果显著，土壤速效钾在 80～120mg/kg 时，可暂不施钾；因土质施钾，沙质土壤速效钾含量一般较低，应增施钾肥，黏质土壤速效钾含量通常较高，可少施或不施；缺钾又缺硫的土壤可施用硫酸钾，盐碱地不宜施用氯化钾，在多雨地区或具有灌溉条件、排水状况良好的地区多数作物可以施用氯化钾。②因作物施钾。钾素可以促进糖代谢，因此生产实践中凡是以收获碳水化合物为主的作物，如薯类、纤维类、糖用植物等，施用钾肥后，不但增加产量，而且品质也明显提高；钾素促进了糖的代谢，相应也促进了油脂的形成，因此花生、大豆、油菜等油料作物施用钾肥能增加油脂含量；此外，钾在改善作物产品品质方面也有较好的作用，素有"品质元素"之称，如提高杨梅、葡萄、桃子等经济作物钾肥用量，可明显改善果实风味。③因农作制度施钾。在麦—稻轮作制中，由于水旱轮作，干湿交替，因此土壤缺钾程度减轻。当土壤速效钾含量低于 60mg/kg 时，小麦应增施钾肥，高于 80mg/kg 时可以少施或暂不施用钾肥；

稻—稻轮作制度中，因为早稻施用有机肥多，晚稻在"双抢"季节插秧，有机肥施用少，而且晚稻田搁田、烤田的次数和天数比早稻减少，土壤钾素不能很快释放出来，晚稻比早稻更容易发生缺钾，所以晚稻施钾增产效果比早稻好。④因种植环境施钾。钾能增强植物的抗寒、抗旱、抗盐碱、抗病虫害能力，在较为恶劣的环境条件或气候条件下施用钾肥的效果更佳。如干旱条件下，供钾充足的作物气孔调节灵敏，蒸腾失水减少，根系发达，吸水能力增强；钾供给充足还可减少水稻胡麻斑病、条叶枯病、稻瘟病的发生，盐土施用钾肥要比非盐土多施 20%～30% 可达到相近的增产效果。

2. 改进钾肥施用技术

作物生长的前期钾需求量较大，生长后期对钾的吸收显著减少，此外，钾在植物体内移动性大，缺钾症状出现较迟。因此，钾肥应早施，须掌握"重施基肥、轻施追肥、分层施用、看苗追肥"的原则，但对保水保肥能力差的土壤，钾肥应分次施用，基肥追肥兼施；钾在土壤中移动性小，钾离子在土壤中的扩散较慢，根系吸收钾的多少首先取决于根量及其与土壤的接触面积，因此，钾肥要深施，并集中施用在作物根系多、吸收能力强的土层中。追施一般应距植物 6～10cm、深 10cm 左右。

3. 拓展土壤增钾途径

临安区稻田秸秆资源丰富且作物吸收的钾主要保留在作物秸秆中，实施作物秸秆还田是增加土壤钾含量的有效措施；有机肥和绿肥也富含一定的钾素，增施有机肥和种植绿肥也可作为增加土壤钾含量的有效途径；土壤钾含量较为丰富，但 90%～98% 的钾以作物难以吸收利用的结构形式存在，施用生物钾肥可将难溶性钾转化为有效钾，增加作物可吸收利用的钾素含量。

第四节　土壤保蓄性能的提高

影响土壤保肥性的因素包括：①土壤胶体类型：不同类型的土

壤胶体其阳离子交换量差异较大,有机胶体＞蒙脱石＞水化云母＞高岭石＞含水氧化铁、铝;②土壤质地:黏质土壤有较高的阳离子交换量;③土壤溶液 pH,因为土壤胶体微粒表面的羟基(—OH)的解离受介质 pH 的影响,当介质 pH 降低时,土壤胶体微粒表面所含负电荷也减少,其阳离子交换量也降低,反之就增大;④土壤有机质含量:有机质可增加土壤阳离子交换量。因此,可采取以下措施增加土壤阳离子交换量:①增加有机质含量,施用有机肥和腐殖物质;②客土法,主要适用于沙质土壤;③施用矿物改良剂,常用的改良剂有沸石、海泡石等。表 2-1 为常用改良剂的CEC 值。

表 2-1　常用改良剂的 CEC 值

材　料	CEC 值 [cmol (+) /kg]
蒙脱石	70～120
蛭石	100～150
水化云母	10～40
埃洛石	20
高岭石	3～15
水铝英石	51
腐殖质	200
沸石	200～300

第五节　土壤物理障碍因素的改良

一、农田常见的物理障碍

临安区农田土壤中常见的土壤物理障碍主要是土壤质地不良、结构性差、紧实板结和耕作层浅薄等。产生的原因有内在的和外在的两个方面:前者是指由于成土母质或成土过程所致的土壤物理障碍;后者主要是指农业生产活动所导致的土壤物理性质恶化。

1. 土壤质地不良

由于成土母质和成土过程的原因，黏粒含量过高和沙粒含量过高的土壤在临安区也常有出现，是中低产田生产力低的原因之一。前者的潜在保水保肥能力虽然很强，但如果有机质含量低，土壤结构性很差，通透性不好，不仅失去保水保肥能力，而且还会加剧水肥流失，农艺性状也很低。后者的主要问题是保水保肥能力很低，水肥流失非常严重，农艺性状也不好。

2. 土壤质地层次性不良

主要出现在河谷冲积平原。良好的土壤剖面质地层次应该为：耕层为沙壤或轻壤，下层为中壤或重壤，这样的层次排列具有托水托肥的优点，土壤通气透水，水、肥、气、热及扎根条件的调节能力强，耕作性状好，能为作物丰产奠定良好的基础。如果表层土壤质地比较黏，而下层土壤质地比较沙，不仅不利于水分保持，而且容易产生径流和漏水漏肥，造成养分流失。如果亚表层土壤质地很轻，称为中间夹沙，虽然通气透水，但保水保肥能力常常很差，容易漏水漏肥，不仅造成水肥利用效率低下，农业生产成本提高，而且所流失的养分还会污染地下水和地表水，造成水体富营养化。如果亚表层土壤质地比较重，称为中间夹黏，不仅不利于根系向下层土壤生长，而且非常容易产生滞涝。

3. 土壤结构性差

主要是表层土壤团粒结构体少，以致密的块状结构为主，土壤颗粒很少团聚，呈分散状态。这些土壤的孔隙分布一般不合理，主要是非活性孔隙，大孔隙很少，土壤的通气透水性很差，易旱易涝。土壤结构性差首先取决于土壤质地，其次与土壤有机质含量密切相关。有机质是土壤颗粒团聚的重要的材料，有机质含量低的土壤，其团粒结构体很少，特别是黏重的土壤。不合理灌溉容易导致土壤次生盐渍化，土壤胶体分散，结构体破坏，物理性状很差。长期保护地栽培，由于缺少必要的淋洗，盐分在表层土壤累积，次生盐渍化也十分严重，土壤物理性状很差。

4. 土壤紧实板结

长期耕作常常导致犁底层过度紧实，影响根系生长和水分运动。特别是大型机械耕作，非常容易压实土壤，导致土壤板结。不合理的施肥也会导致土壤结构恶化，特别是长期大量地施用单一的化学肥料，土壤物理性质常常很差，保护地的这种现象格外明显。单一的种植制度也可能引起土壤物理性质恶化，主要原因包括有机物质输入减少、离子平衡破坏等，从而影响团粒结构体的形成。

二、土壤质地改良技术

耕地中因耕层过沙或过黏，土壤剖面夹沙或夹黏较为常见，改良十分困难，目前常采用的措施包括：①掺沙掺黏，客土调剂：如果在沙土附近有黏土、河泥，可采用搬黏掺沙的办法；黏土附近有沙土、河沙可采取搬沙压淤的办法，逐年客土改良，使之达到较为理想的状态。②翻淤压沙或翻沙压淤：如果夹沙或夹黏层不是很深，可以采用深翻或"大揭盖"的方法，将沙土层或黏土层翻至表层，经耕、耙使上下土层沙黏掺混，改变其土壤质地。同时应注意培肥，保持和提高养分水平。③增施有机肥：有机肥施入土壤中形成腐殖质，可增加沙土的黏结性和团聚性，但降低黏土的黏结性，促进土壤团粒结构体的形成。大量施有机肥，不仅能增加土壤中的养分，而且能改善土壤的物理结构，增强其保水、保肥能力。④轮作绿肥，培肥土壤：通过种植绿肥植物，特别是豆科绿肥，既可增加土壤的有机质和养分含量，又能促进土壤团粒结构的形成，改善土壤通透性。在新开垦耕地土壤首先种植豆科作物，是土壤培肥的重要措施。

三、土壤结构改良技术

良好的土壤结构一般具备以下三个方面的性质：①土壤结构体大小合适；②具有多级孔隙，大孔隙可通气透水，小孔隙保水保肥；③具有一定水稳性、机械稳性和生物学稳定性。土壤结构改良实际上是改造土壤结构体，促进团粒结构体的形成。常采用的改良技术措施包括：①精耕细作：精耕细作可使表层土壤松散，虽然形成的团粒是非水稳性的，但也会起到调节土壤孔性的作用。②合理的轮作倒茬：一般来讲，禾本科牧草或豆科绿肥作物，根系发达，输入土壤的有机物质比较多，不仅能促进土壤团粒的形成，而且可以改善土体的通透性。种植绿肥、粮食作物与绿肥轮作、水旱轮作等都有利于土壤团粒结构的形成。③增施有机肥料：秸秆还田、长期施用有机肥料，可促进水稳定性团聚体的形成，并且团粒的团聚程度较高，大小孔隙分布合理，土壤肥力得以保持和提高。④合理灌溉，适时耕耘：大水漫灌容易破坏土壤结构，使土壤板结，灌后要适时中耕松土，防止板结。适时耕耘，充分利用干湿交替与冻融交替的作用，不仅可以提高耕作质量，还有利于形成大量非水稳性团聚体，调节土壤结构性。⑤施用石灰及石膏：酸性土壤施用石灰，碱性土壤施用石膏，不仅能降低土壤的酸碱度，而且还有利于土壤团聚体的形成。⑥施用土壤结构改良剂：土壤结构改良剂是根据团粒结构形成的原理，利用植物残体、泥炭、褐煤等为原料，从中提取腐殖酸、纤维素、木质素等物质，作为土壤团聚体的胶结物质，称为天然土壤结构改良剂，主要有纤维素类（纤维素糊、甲基纤维素、羧基纤维素等）、木质素（木质素磺酸、木质素亚硫酸铵、木质素亚硫酸钙）和腐殖酸类（胡敏酸钠钾盐）。也有模拟天然物质的分子结构和性质，人工合成高分子胶结材料，称为人工合成土壤结构改良剂，主要有乙酸乙烯酯和顺丁烯二酸共聚物的钙盐、聚丙烯腈钠盐、聚乙烯醇和聚丙烯酰胺。

由于天然土壤结构改良剂容易被微生物分解，而且用量大，很难在生产上广泛应用。人工合成的土壤结构改良剂不易被微生物分解，用量可大大减少，而且与土壤保水剂、养分吸附材料一起使用，有些国家已在生产中应用。由于价格比较昂贵，人工合成的土壤结构改良剂大多用于经济价值较高的作物上。

不同作物不仅对营养的需要不同，而且对土壤物理条件也有不同的要求。土壤物理性状直接影响到土壤的养分供给、水气热状况。沙质土壤由于颗粒粗，大孔隙数量多，土壤通气透水性好，排水通畅，不易产生托水、内涝和上层滞水；保水、持水和保肥性差，容易造成水肥流失；土壤中原生矿物以石英、长石为主，潜在养料含量少，有机物分解快，土壤有机质含量低；土壤升温和降温都很快，为热性土，对喜温作物如花生、棉花、瓜类、块茎、块根作物生长有利，但晚秋容易造成霜冻；发小苗不发老苗，出苗快、齐、全，但中后期脱肥，作物早熟、早衰。

黏质土壤颗粒细，孔隙小，通气透水不良，排水不畅，容易造成地表积水、滞水和内涝；吸水、持水、保水、保肥性能好；土壤温度变化慢，早春气温低，土温不易回升，常称为冷性土；耕性差，耕作阻力大，耕作质量差，宜耕期也短；适合种植小麦等禾谷类作物，需要注意播种后往往出苗不全、出苗晚、长势弱，缺苗断垄现象严重，作物前期生长缓慢，后期易出现徒长、贪青晚熟，俗称发老苗不发小苗。

四、耕层增厚技术

包括深耕和深松技术。

1. 深耕

技术实施要点如下：①把握好土壤适耕性，土壤适耕性以土壤含水量表示，以土壤含水量 15%～20% 为宜；②耕深一般大于 25cm；③实际耕幅与犁耕幅一致，避免漏耕，重耕；④耕深稳定性、植被覆盖率、碎土率应符合设计标准。

深耕的作业质量要求可用"深、平、透、直、齐、无、小"七字表达：①深：达到规定深度、深浅一致；②平：地表平坦、犁底平稳；③透：开墒无生埂，翻垡碎土好；④直：开墒要直，耕幅一致，耕得整齐；⑤齐：犁到头，耕到边，地头、地边整齐；⑥无：无重耕、漏耕，无斜、三角，无"桃形"；⑦小：墒沟小、伏脊小。

深耕应注意以下事项：①深耕应以适宜为度，应随土壤特性、微生物活动、作物根系分布规律及养分状况来确定，一般以打破部分犁底层为宜（水田不应打破全部犁底层），厚度一般 25～30cm。②做好作业前的准备工作；深耕深松是重负荷作业，一般都用大中型拖拉机配套相关的农机具进行。机具必须合理配套，正确安装，正式作业前必须进行试运转和试作业；建议深耕的同时应配合施用有机肥，以利用培肥地力。③原耕层浅的土地宜逐渐加深耕层，切忌一次犁得过深，打破犁底层导致翌年种植水稻时漏水漏肥。④深耕深松要在土壤的适耕期内进行。深耕的周期一般是每隔 2～3 年深耕一次。⑤深耕深松的同时，应配施有机肥。由于土层加厚，土壤养分缺乏，配施有机肥后，可促进土壤微生物活动，加速土壤肥力的恢复。前作是麦类作物或早稻，收获时可先用撩穗收割机将秸秆粉碎机耕还田。前作是绿肥的可使用秸秆还田机将绿肥打碎机耕还田。

深翻耕一般需要使用大型拖拉机重犁重耙，常用的有：1L-330 悬挂中型三铧犁，1LQ-425 轻型悬挂四铧犁、液压翻转四铧犁和五铧犁等（小型拖拉机带单铧或双铧犁耕地，耕作质量虽然比畜力步犁好，但耕深一般也只有 14～16cm）。

2. 深松

深松适用于旱地，不适合水田，可分全面深松和局部深松。全面深松是用深松机在工作幅宽上全面松土地，局部深松是用杆齿、凿形铲进行间隔的局部松土。深松既可以作为秋后主要耕作措施，也可以用于春播前的耕地、休闲地松土、草场更新等。具体形式有：全面深松、间隔深松、浅翻深松、灭茬深松、中耕深松、垄作深松、垄沟深松等。深松深度视耕作层的厚度而定，一般中耕深松深度为 25～30cm。

深松农用动力要与作业机具配套；以保持耕层土壤适宜的松紧度和创造合理的耕层构造为目标，合理采用深松方式方法；三漏田不适宜深松，如若深松，可根据地块条件选择合理深度，一般深度控制在 20cm 以内。

深松机械有单独的深松机，也可以在铧式犁架上安装深松铲进行作业。松土方式有格压松土式和振动松土式。我国研制的深松机有单柱式（包括凿式和铲式两种），如 IS-735 型深松机；倒梯形全方位式深松机，如 ISQ 系列全方位深松机；新研制的还有 ISY-210 凿形带翼铲深松机。

第六节　坡地的水土保持

临安区为山区，防治水土流失是保护和合理利用水土资源，改变山区、丘陵区、风沙区面貌及治理江河、减少水旱灾害，建立良好生态环境，走农林业生产可持续发展的一项根本措施。水土保持是山区生态建设的生命线，必须采取行之有效的水土保持综合治理措施。国内外大量的生产实践和科学研究认为，临安区农地水土保持应以水利工程、生物工程和农业技术相结合进行综合防治。

一、水利工程措施

1. 坡面治理工程

包括梯田、坡面蓄水工程和截流防冲工程。梯田是治坡工程的有效措施，可拦蓄 90％以上的水土流失量。梯田的形式多种多样，田面水平的为水平梯田，田面外高里低的为反坡梯田，相邻两水平田面之间隔一斜坡地段的为隔坡梯田，田面有一定坡度的为坡式梯田。坡面蓄水工程主要是为了拦蓄坡面的地表径流，解决人畜和灌溉用水，一般有旱井、涝池等。截流防冲工程主要指山垄农田四周的截水沟，在坡地上从上到下每隔一定距离，横坡修筑的可以拦蓄、输排地表径流的沟道，它的功能是可以改变坡长、拦蓄暴雨，并将其排至蓄水工程中，起到截、缓、蓄、排等调节径流的作用。

2. 沟道治理工程

包括沟头防护工程、谷坊、沟道蓄水工程和淤地坝等。沟头防护工程是为防止径流冲刷而引起的沟头前进、沟底下切和沟岸扩张，保护坡面不受侵蚀的水保工程。首先在沟头加强坡面的治理，做到水不下沟；其次是巩固沟头和沟坡，在沟坡两岸修鱼鳞坑、水平沟、水平阶等工程，造林种草，防止冲刷，减少下泄到沟底的地表径流；然后在沟底从毛沟到支沟至干沟，根据不同条件，分别采取修谷坊、淤地坝、小型水库和塘坝等各类工程，起到拦截洪水泥沙、防止山洪危害的作用。

3. 小型水利工程

为拦蓄暴雨时的地表径流和泥沙，可修建与水土保持紧密结合的小型水利工程，如蓄水池、转山渠、引洪漫地等。

二、生物工程措施

生物工程措施是指为了防治土壤侵蚀、保持和合理利用水土资源而采取的造林种草、绿化荒山、农林牧综合经营，以增加地面覆被率、改良土壤、提高土地生产力、发展生产、繁荣经济的水土保持措施。林草措施除了起涵养水源、保持水土的作用外，还能改良培肥土壤，提供燃料、饲料、肥料和木料，促进农、林、牧、副各业综合发展，改善和调节生态环境，具有显著的经济、社会和生态效益。生物防护措施可分两种：一种是以防护为目的的生物防护经营型，如丘陵护坡林、沟头防蚀林、沟坡护坡林、沟底防冲林、河滩护岸林、山地水源林等。另一种是以林木生产为目的的林业多种经营型，有草田轮作、林粮间作、果树林、油料林、用材林、薪炭林等。

三、农业技术措施

水土保持农业技术措施，主要是水土保持耕作法，是水土保持的基本措施。它包括的范围很广，按其所起的作用可分为三大类：①以改变地面微小地形，增加地面粗糙率为主的水土保持农业技术措施：拦截地表水，减少土壤冲刷，主要包括横坡耕作、沟垄种植、水平犁沟、筑埂做垄等高种植丰产沟等。②以增加地面覆盖为主的水土保持农业技术措施：其作用是保护地面、减缓径流、增强土壤抗蚀能力，主要有间作套种、草田轮作、草田带状间作、宽行密植、利用秸秆杂草等进行生物覆盖、免耕或少耕等措施。③以增加土壤入渗为主的农业技术措施：疏松土壤，改善土壤的理化性状，增加土壤抗蚀、渗透、蓄水能力，主要有增施有机肥、深耕改土、纳雨蓄墒并配合耙糖、浅耕等，以减少降水损失，控制水土流失。

防治土壤侵蚀，必须根据土壤侵蚀的运动规律及其条件，采取必要的具体措施。但采取任何单一防治措施，都很难获得理想的效果，必须根据不同措施的用途和特点，遵循如下综合治理原则：治山与治水相结合，治沟与治坡相结合，工程措施与生物措施相结合，田间工程与蓄水保土耕作措施相结合，治理与利用相结合，当前利益与长远利益相结合。实行以小流域为单元，坡沟兼治，治坡为主，工程措施、生物措施、农业措施相结合的集中综合治理方针，才可收到持久稳定的效果。

第三章 CHAPTER 3
不同类型农地的改良与可持续利用——

近年来，临安区农业向多元化和集约化方向发展，雷竹、山核桃、水稻、茶、桑、蔬菜和旱粮都有较大的规模。但由于管理上存在不合理现象和土壤本身先天不足，这些农地都存在着一些生产问题。为此，我们结合各用地的特点，对各类用地进行了质量调查，在此基础上通过试验，提出了不同类型农地的改良和利用途径，促进了土壤质量的提升。

第一节　雷竹园土壤质量演变特征与改良

雷竹为禾本科竹亚科刚竹属植物，是早竹的一个变种，自然状态下因早春打雷出笋而得名。20 世纪 80 年代以来，科研人员对雷竹栽培技术进行不断探索，总结出了以冬季地表增温覆盖和重施肥料为核心的雷竹早产高效栽培技术。采用该技术后，雷竹产量得以大幅度提高，经济效益显著，从而在临安区得到了大面积发展，成为临安区农民收入的主要支柱产业之一。但随着该技术的大面积推广和覆盖年限的增加，逐渐出现了"竹子枯死、竹鞭上浮、母竹难留、产量下滑"等现象。

一、土壤质量状况

据对全区 19 个乡镇 567 个样点调查，临安区雷竹园土壤具有以下特点（表 3-1）。

1. 土壤 pH

不同乡镇雷竹林地土壤 pH 平均值为 4.8，其中以锦南为最高，土壤 pH 为 6.8，以千洪、锦城和龙岗等乡镇土壤 pH 为最低，其值仅为 4.3，其他乡镇土壤 pH 则为 4.51~5.9。19 个镇（街道）中，pH≤5.0 的土壤占 27%，5.1~6.0 的土壤占 52%。可见，雷竹林地土壤普遍酸化。

2. 土壤有机质

不同乡镇雷竹林地土壤有机质含量平均为 35.80g/kg，达到了较高水平。其中河桥镇土壤有机质含量最高，达 49.40g/kg；而以太阳镇、湍口镇、龙岗镇的土壤有机质含量较低，平均分别为 28.89g/kg、29.65g/kg、29.85g/kg。

3. 土壤速效养分

雷竹林地土壤水解氮、有效磷、速效钾含量丰富，能较好地满足雷竹生长的需要。全区雷竹林地土壤水解氮含量平均达 198.08mg/kg。根据含量高低可分为两类：>200mg/kg 的乡镇有太湖源和西天目，其他乡镇土壤水解氮含量均为 100~200/kg。全区雷竹林地土壤有效磷含量平均达 96.73mg/kg。其中，以青山、太阳的较低，其均值不足 20mg/kg；其他乡镇的平均含量均超过 20mg/kg。全区雷竹林地土壤速效钾含量平均达 158.95mg/kg。其中，土壤速效钾含量为 50~80mg/kg 的乡镇有太阳、青山、湍口和藻溪，80~120mg/kg 的乡镇有锦南、於潜、潜川、横畈、玲珑、板桥，其余乡镇的土壤速效钾含量均超过 120mg/kg。

4. 微量元素

由表 3-2 可知，全区雷竹林地土壤有效铁含量平均达 124.05mg/kg，以锦南为最低，平均仅为 29.25mg/kg，而昌化、潜川、於潜 3 个乡镇的平均含量超过 170.0mg/kg。全区土壤有效锰含量平均为 43.06mg/kg，以藻溪镇为最低，其均值仅为 22.65mg/kg，河桥、太湖源 2 个乡镇的平均含量超过 60.0mg/kg。全区土壤有效铜含量平均为 4.25mg/kg，其中藻溪镇的平均含量仅为 1.62mg/kg，而湍口镇则超过 10.0mg/kg。全区土壤有效锌含量平均 6.24mg/kg，其中於潜镇的平均含量仅为

2.76 mg/kg，而河桥、潜川、湍口 3 个乡镇的平均含量均超过
10.0mg/kg。

表 3-1　不同乡镇雷竹林土壤理化性质

乡（镇、街道）	pH	有机质（g/kg）	水解氮（mg/kg）	有效磷（mg/kg）	速效钾（mg/kg）
板桥	5.9	38.91	184.85	56.24	120.73
昌化	5.4	35.50	135.92	64.42	164.00
高虹	4.7	33.41	155.75	122.45	252.42
河桥	5.2	49.40	168.73	76.98	232.33
横畈	4.6	35.35	191.21	72.84	116.74
横路	4.8	32.76	199.21	39.10	180.29
锦城	4.3	33.71	159.68	152.40	220.92
锦南	6.8	31.86	139.83	27.26	100.83
玲珑	5.3	30.27	153.00	49.23	119.33
龙岗	4.3	29.85	175.10	134.55	302.17
千洪	4.3	38.10	197.42	154.50	124.60
潜川	4.6	30.73	197.50	90.70	107.22
青山	5.6	31.05	112.00	8.78	64.50
太湖源	4.8	40.60	203.51	105.73	187.04
太阳	4.6	28.89	170.97	18.38	57.56
湍口	4.9	29.65	147.40	29.25	75.00
西天目	5.0	40.45	201.35	144.81	238.69
於潜	4.5	31.15	180.94	76.39	102.72
藻溪	4.8	30.27	172.14	20.71	78.82
平均值	4.8	35.80	184.98	96.73	158.95

表 3-2　不同乡镇雷竹林土壤微量元素含量

乡（镇、街道）	样本数（个）	有效铁（mg/kg）	有效锰（mg/kg）	有效铜（mg/kg）	有效锌（mg/kg）
板桥	26	56.09	50.95	2.63	7.84
昌化	6	177.17	48.59	6.93	8.19

（续）

乡（镇、街道）	样本数（个）	有效铁 (mg/kg)	有效锰 (mg/kg)	有效铜 (mg/kg)	有效锌 (mg/kg)
高虹	36	118.99	34.08	2.11	5.15
河桥	6	140.96	62.17	7.52	11.09
横畈	19	101.48	31.32	3.22	7.24
横路	7	120.80	32.63	4.01	7.85
锦城	38	85.12	32.94	2.85	3.26
锦南	12	29.25	45.89	2.14	3.97
玲珑	3	62.99	57.09	4.50	4.31
龙岗	6	135.79	22.83	2.68	2.91
千洪	25	146.30	27.76	3.18	3.63
潜川	23	178.24	38.21	8.40	10.64
青山	4	48.22	59.29	5.14	9.11
太湖源	159	100.12	60.68	3.50	8.91
太阳	16	106.31	31.96	7.63	5.94
湍口	2	103.41	49.25	13.73	13.89
西天目	42	147.92	38.72	4.09	7.97
於潜	120	177.36	34.65	5.96	2.76
藻溪	17	97.77	22.65	1.62	4.13
平均值		124.05	43.06	4.25	6.24

二、种植过程中土壤质量演变特征

1. 雷竹林土壤养分的变化

调查表明，栽培 4 年的雷竹林土壤全磷含量为 0.30g/kg，有效磷含量为 28.14mg/kg，而栽培 10 年后的林地全磷和有效磷含量分别达 0.51g/kg 和 156.43mg/kg。种植 1 年的雷竹林土壤全氮、碱解氮含量分别为 1.86g/kg 和 181.21mg/kg，而经营 15 年后，其含量分别达 4.61g/kg 和 438.90mg/kg。经过 8 年的经营,土壤 pH 从 4.74下降到 3.39。随着雷竹栽种年限的延长,土壤重金属锌、铜、铅含量有增加的趋势,在土壤中的活性也明显增加。由此可见,随着雷竹栽培时间的增加,土壤酸度增加,磷素、氮素积累明显,影响了作物对养分的平衡吸收,这是引起雷竹提前衰败的原因之一;同时,随着种植时间的增加土壤重金属元素有增加的趋势。

2. 雷竹林土壤生物学性质的变化

对临安区横畈和西天目两个乡镇不同经营年限雷竹林土壤微生物量的研究表明,与未覆盖对照土壤相比,雷竹林经营 15 年后其微生物量碳分别下降了 31.73% 和 21.91%,土壤微生物量碳与有机碳的比值分别下降了 63.01% 和 70.88%。土壤微生物量氮与微生物量磷也有相似的变化趋势,这说明长期的集约经营抑制了土壤微生物的生长代谢作用,降低了微生物数量。利用 PCR-DGGE 技术对土壤微生物的研究表明,随着雷竹集约经营年限的延长,土壤细菌多样性指数降低、优势种群发生更替等。冗余分析表明,土壤 pH 对细菌群落结构变化的贡献率最大,土壤养分如全氮、碱解氮以及速效钾等也有较大影响,这些环境因子在两个排序轴上合并解释了样本 76.1% 的总变异。土壤硝化细菌的数量随着集约经营年限的延长呈先上升后下降趋势,经营 7 年后,土壤硝化细菌数量为对照土壤的 3.62 倍,即使经营了 15 年后其数量仍为对照土壤的 2.31 倍,土壤硝化潜势表现出同样的变化趋势。应用磷脂脂肪酸方法研究结果与 BIOLOG 法一致。逐步回归分析表明,土壤硝化细菌数量及活性与土壤矿质态氮含量呈显著正相关关系,而与土壤 pH 呈显著负相关关系。施肥试验结果也表明,引起集约经营雷竹林土壤微生物功能多样性下降的主要原因是化肥的过量施用。

3. 雷竹林土壤有机碳的变化

随着集约经营时间的增加,雷竹林土壤总有机碳(TOC)含量急剧增加,其中土壤水溶性碳(WSOC)、热水溶性碳(HWSOC)和易氧化碳(ROC)含量均随着集约经营历史的增加而显著增加，而微生物生物量碳（MBC）含量呈先增加后减少的变化趋势。固态核磁共振分析结果表明，雷竹林土壤中的碳库主要以烷基碳和烷氧碳为主；随着集约经营时间的增加，雷竹林土壤烷基碳比例显著增加，烷氧碳比例变化不显著，而芳香碳比例显著下降。随着集约经营时间的增加，A/O-A 值显著增加，而芳香度显著下降。相关性分析表明，土壤水溶性碳和土壤烷氧碳含量呈极显著正相关关系（$P<0.05$），这表明土壤 WSOC 主要以烷氧碳为主。WSOC 的液相核磁共振结果也表明，土壤水溶性碳主要是由烷氧碳组成的。覆盖措施下雷竹林地土壤有机碳变化过程研究表明，覆盖物分解产生的有机物质进入土壤，使得土壤有机碳含量增加了22.15%，土壤 CO_2 排放速率增加了 $3.29\sim7.65\ \mu mol/(m^2 \cdot s)$。覆盖物分解过程中，土壤有机碳中烷氧碳成分迅速增加，而其芳香度降低，表明土壤碳的稳定性下降。覆盖措施显著提高土壤呼吸速率，而春季提早揭去覆盖物能显著降低土壤呼吸速率。

4. 雷竹林土壤养分的流失

对雷竹林地养分流失的定位观察表明，减量、常规和超量施肥处理，氮素淋失量依次为 $18.49kg/hm^2$、$37.32kg/hm^2$ 和 $59.82kg/hm^2$，分别占施肥量的 4.22%、4.25% 和 4.54%；磷素淋失量依次为 $1.94kg/hm^2$、$2.36kg/hm^2$ 和 $3.02kg/hm^2$，分别占施肥量的 1.07%、0.65% 和 0.56%。雷竹林排水沟和毗邻雷竹林河流水体中总氮含量分别为 $11.62mg/L$ 和 $6.25mg/L$，分别是天然林水系的 32.0 倍和 17.2 倍；雷竹林排水沟和毗邻雷竹林河流水中总磷含量分别为 $0.25mg/L$ 和 $0.09mg/L$，分别是天然林水系的 10.1 倍和 3.8 倍。这一观察结果表明，雷竹集约经营使林地土壤氮、磷等养分的流失风险明显增大，并加重对周边水体氮、磷的污染。

三、退化雷竹林改良措施

以上分析表明，雷竹集约经营使林地因长期过量施肥，导致土壤养分过度积累，产生了土壤酸化、土壤盐基饱和度持续下降、土壤氮磷钾超负荷累积、养分不平衡加剧、养分流失风险增加等土壤障碍。多年种植可引发雷竹林的退化现象，主要包括母竹留养困难、地下结构破坏严重、竹鞭上浮、竹林开花、林地退化、竹笋产量持续下降等雷竹退化现象。针对上述土壤和生产问题，提出以下改良措施。

1. 农艺措施

（1）母竹留养 每年出笋盛期开始留养新母竹 3 000～4 500 株/hm²。立竹量一般保持在 12 000～15 000 株/hm²。母竹保留 3～4 年，年龄结构比例采用 3∶3∶3∶1。根据母竹的大小，可适当增减立竹数量。老竹更新可用山锄连蔸挖除或用砍刀齐地砍去。

（2）加土改造 一般雷竹连续覆盖经营 4 年后，竹笋产量开始下降，竹鞭上浮，可加客土 1 次，加土厚 6～10cm。加土时间可在 6 月或 12 月进行，竹林土壤黏重的可加沙土，竹林土壤沙性过重的可加黏土，加土改造适宜轻度退化竹林与土层浅薄退化竹林的改造。

（3）合理覆盖 合理选择覆盖时间，覆盖厚度不能超过 30cm，使竹笋的出产期和竹笋盛期分布较长。覆盖后应及时清除覆盖物，减少土壤表层的有机物残存，连年覆盖时间不要超过 2 年，使竹林恢复自然生长。

2. 衰败竹林改造

（1）全面垦复 深翻更新，对衰败老化竹林进行全面垦复深翻，深度 30～40cm。挖除老鞭、竹蔸，清除石块，保留年轻母竹及健壮竹鞭。深翻可在 5 月或 11 月进行。然后，每亩深施有机肥 5 000～10 000kg，更新改造后第二年就可以恢复增产。

（2）带状更新 将竹林划分成若干条带，带宽 4～5m，可分两期实施完或，隔一带深翻一带交替进行。根据更新改造的程度，可进行轻改或重改。轻改是在改造的带内进行垦复深翻，时间 6 月或 12 月，深度 40cm，挖去老鞭、老竹，保留年轻母竹与健壮竹鞭；重改则是在改造的带内，将所有母竹与鞭根全部挖去，并在带内施重肥加土，以便两边竹林的竹鞭迅速伸展到带内，促进衰败竹林恢复的速度，再确定第二期的改造时间，一般进行轻改的可在第二年连续进行，进行重改的可在第三年或第四年再进行改造。

（3）块状更新　可将竹林分成若干小块状，改造方法同带状更新。对于本来的小块状的竹林，可保留四周边缘的母竹，改造中间部分，改造方法也可轻改或重改。轻改的保留新竹和壮鞭，重改的将中间的母竹、竹鞭全部挖去，然后施重肥，促进四周竹林向中间伸展。

3. 测土配方施肥

由于目前各地农户的土壤养分差异较大，很难能给出一个统一的施肥标准，有必要进行不同竹林地土壤养分测定，进行合理的、针对性的施肥指导。对于酸化的竹园土壤，可根据土壤 pH 状况计算石灰需要量施用生石灰，一般情况下用量建议在每亩 100kg 左右。目前，临安区推广了雷竹笋专用肥 2 个，分别是（无机复合肥料，总含量 36％，$N : P_2O_5 : K_2O = 20 : 6 : 10$；无机复合肥料，总含量 30％，$N : P_2O_5 : K_2O = 16 : 6 : 8$）。控制肥料用量和合理的氮、磷、钾比例。看土、看竹平衡协调施肥，有机肥、生物肥、化肥合理搭配施用，培肥地力，控制施肥总量。在土壤磷素较高的林地，可以不施或少施磷肥。

（1）施肥运筹　每年施肥两次，第一次在 4 月中下旬至 5 月上旬竹林清园后；第二次在 10～11 月雷竹覆盖前进行。采用撒施，施后浅削林地土壤 10～20cm。当土壤 pH 低于 5.5 时，需在施肥前施用生石灰进行调酸。每隔 2 年采样分析土壤养分含量，对施肥限量进行修正和调整。

（2）施肥用量　以土壤养分分级水平为中等的雷竹林为例，第一次施用雷竹专用配方肥 500～600kg/hm²；或施用尿素 200～300kg/hm²、钙镁磷肥 150～220kg/hm² 和硫酸钾 120～150 kg/hm²。第二次施用商品有机肥 1 500～2 250kg/hm²，同时施用雷竹专用配方肥 200～300kg/hm²；或同时施用尿素 80～120kg/hm² 和硫酸钾

$50 \sim 80 kg/hm^2$。表3-3为雷竹林氮、磷、钾施用限量值，表3-4为雷竹林土壤调酸方法。

表3-3　雷竹林氮、磷、钾施用限量值

分级代码	分级水平	肥效反应	限量值（kg/hm^2）		
			纯 N	纯 P_2O_5	纯 K_2O
A	低	强	400	60	300
B	较低	较强	300	45	225
C	中等	中	200	30	150
D	较高	弱	150	22.5	112.5
E	高	较弱	100	15	75

表3-4　雷竹林土壤调酸方法

土壤 pH	土壤质地	生石灰用量（kg/hm^2）	施用时间	施用方法
<4.5	黏土	9 000～10 500	3月下旬至4月上旬	将块状生石灰撒施于土壤表面
	壤土	7 500～9 000		
	沙土	6 000～7 500		
4.5～5.5	黏土	6 000～7 500		
	壤土	4 500～7 500		
	沙土	4 500～6 000		

4. 使用石灰氮土壤消毒剂

石灰氮土壤消毒剂具有肥、药双重功效，既能有效防治多种土传病害、土壤线虫及其他害虫，又能抑制土壤硝化作用，可提高氮素利用率，降低土壤障碍因子的发生与防治，促进作物生长，提高作物产量和经济效益。石灰氮土壤消毒剂使用可按以下操作步骤进行：①清理竹林杂草；②将石灰氮土壤消毒剂撒施在土壤表面；③翻耕土壤。从产量和经济效益及病虫害综合考虑，雷竹施石灰氮土壤消毒剂用量以 $600 kg/hm^2$ 左右产量及防病效果较好。试验表明，施石灰氮土壤消毒剂可提高雷笋产量8.9%～20.0%，提高经济效益16.1%～31.0%；可有效防治雷竹沟金针虫、笋秀夜蛾、栉蝠蛾等虫类的危害，比对照区降低虫害危害率77.7%～83.1%，成竹死亡率仅为 6.2%～11.8%。试验还表明，施石灰氮土壤消毒剂可提高林地土壤 pH，对酸性土的改良具有较好的效果。对酸性土的改良效果见表 3-5。

表 3-5　石灰氮土壤消毒剂对土壤酸度指标差异性分析（cmol/kg）

处　理	pH	交换性酸总量	交换性 H$^+$	交换性铝（1/3 Al^{3+}）
0（CK）	3.60±0.26bA	6.51±2.03aA	1.75±0.80aA	4.76±2.38aA
600kg/hm^2	4.17±0.71aA	4.69±2.39bA	2.05±1.08aA	2.64±2.41bA

注：不同小写字母代表处理间差异显著（$P<0.05$），不同大写字母代表处理间差异极显著（$P<0.01$）。

第二节　山核桃林土壤质量状况与改良

山核桃为我国特有的高档干果和木本油料植物。临安区是山核桃主产地，主产区农户的山核桃收入占总收入的 70% 以上，是临安区西部山区农民脱贫致富的主要经济树种。临安区山核桃面积约占全国山核桃总面积的 40%，是全国最大的山核桃加工、销售的集散地，加工量占全国产量的 70%，被授予"中国山核桃之都"。临安区山核桃主要分布在西部山区，其中以岛石、清凉峰、湍口等乡镇（街道）分布面积较广。临安区山核桃主要分布在山腰、山麓缓坡地带，90% 以上的山核桃生长于石灰岩土上。全区山核桃种植区涉及 16 种土壤类型，其中以山地黄泥土、黄红泥土、油黄泥、黄泥土等土类面积较多。

一、土壤质量状况

调查表明，临安区山核桃生长良好的土壤主要有：①碳质灰岩、碳质页岩组合发育形成碳质黑泥土，俗称"油黑泥"，质地为轻黏土；②钙质泥页岩、泥质灰岩互层组合发育形成黄红泥，质地为重壤土；③泥灰岩、白云质灰岩组合发育形成油黄泥，质地为重壤土。这些土壤质地较为疏松，保水保肥性能好，土层深厚、肥沃，多呈微酸性至中性。近年来，随着山核桃产业的大力发展，经营强度加大，施肥水平不断提高，加上绝大多数林地仅施化肥，山核桃生产中出现了较多问题，如山核桃病虫害加剧，植株生长异常，甚至连片死亡等。其原因被认为与高强度集约经营特别是大量化肥长期施用分不开，特别是氮肥过多易致病虫害加剧。土壤肥力状况是维持山核桃高产稳产的基础，其中土壤立地条件和土壤速效氮、磷、钾是最重要的肥力因素，它们与山核桃的生长密切相关。

为了全面了解临安区山核桃林土壤的质量状况，按 1km×1km 网格布设山核桃林地土壤采样点，共在 11 个乡镇设采样点 321 个，对土壤理化性质进行分析。

1. 土壤养分状况

表 3-6 为临安区山核桃林土壤养分分析结果的统计情况。根据浙江森林土壤性质分级标准，将临安区山核桃土壤进行单指标分级，共分为 4 级，其中一级最差、四级最好。临安区山核桃林土壤酸化严重，有 27%的土壤 pH 小于 5.0，影响了山核桃的生长，根据浙江森林土壤 pH 分级标准，一级土占 27%、二级土占 52%、三级土占 17%、四级土占 4%。

山核桃林土壤有机质变化范围为 5.28～117.84g/kg，平均值为 33.86g/kg，变异系数为 44.6%。其中，二级土占 17%、三级土占 35%、四级土占 48%。山核桃林土壤碱解氮变化范围为 79.26～509.63mg/kg，平均值为 195.21mg/kg，变异系数为 34.4%。林地土壤碱解氮含量普遍较高，有 40%的采样点土壤的碱解氮含量在 200mg/kg 以上。其中，二级土占 3%、三级土占 57%、四级土占 40%。

山核桃林土壤有效磷变化范围为 0.08～96.80mg/kg，平均值为 6.92mg/kg，变异系数为 191.7%。土壤有效磷含量普遍较低，有 74%的土壤有效磷含量低于 5.0mg/kg。其中，一级土占 74%、二级土占 12%、三级土占 8%、四级土占 6%。山核桃林土壤速效钾变化范围为 31.01~416.18mg/kg, 平均值为 115.8mg/kg, 变异系数为 54.1%。其中, 一级土占 10%、二级土占 30%、三级土占 30%、四级土占 30%。

表 3-6 山核桃产业带土壤养分含量统计

养 分	最小值	最大值	平均值	标准差	变异系数
pH	4.1	7.5	—	0.69	0.13
有机质（g/kg）	5.3	117.8	33.86	14.86	0.44
有效磷（mg/kg）	0.1	70.4	6.59	10.94	1.66
速效钾（mg/kg）	30	344	112.15	56.13	0.5
碱解氮（mg/kg）	79.3	380.6	192.39	46.4	0.24
有效铁（mg/kg）	4.6	61.6	22.36	11.39	0.51
有效锰（mg/kg）	0.2	141.2	51.33	26.02	0.51
有效铜（mg/kg）	0.03	5.1	0.98	0.77	0.78
有效锌（mg/kg）	0.04	7.95	1.86	1.24	0.66
水溶性硼（mg/kg）	0.1	2.6	1.27	0.53	0.42
有效硫（mg/kg）	5.3	139.5	27.8	26.13	0.94

2. 不同乡镇山核桃林地土壤理化性质的差异

表 3-7 表明, 由于成土母质、土壤类型、管理措施和施肥水平的不同, 不同乡镇土壤理化性质存在空间变异性, 主要指标的变化情况如下。

全区山核桃林地土壤 pH 平均值为 5.4, 以河桥乡为最高, 土壤 pH 平均为 6.17; 大峡谷和太湖源镇土壤 pH 为低, 平均分别为 4.82、4.81; 其他乡镇土壤 pH 为 5.31~5.92。河桥乡山核桃林地土壤的成土母质（岩）主要以石灰质沉积岩为主, 因而其 pH 较高, 而大峡谷和太湖源镇土壤的成土母质（岩）主要以酸性岩浆岩为主, 其 pH 则较低。全区山核桃林地土壤有机质含量平均为 33.86g/kg, 以大峡谷和太湖源镇的土壤有机质含量较高, 平均分别达 39.80g/kg 和 38.00g/kg，而以河桥、清凉峰、湍口镇的土壤有机质含量较低，分别为 23.95g/kg、27.15g/kg 和 27.36g/kg。

不同乡镇山核桃林地土壤速效钾、有效磷、碱解氮含量也存在着一定的差异。全区山核桃林地土壤速效钾含量平均达 115.8 mg/kg，较高的乡镇有岛石、横路、大峡谷 3 个乡镇，其均值分别为 146.65mg/kg、115.83mg/kg、110.27mg/kg；含量较低的乡镇有龙岗、清凉峰、湍口、新桥 4 个乡镇，其均值分别为 81.89 mg/kg、86.79mg/kg、86.97mg/kg、86.86mg/kg。全区山核桃林地土壤有效磷含量平均达 6.92mg/kg，以岛石镇林地土壤为最高，其均值达 14.80mg/kg；马啸、清凉峰次之，其均值为 4.59mg/kg、5.34mg/kg；含量较低的有昌化、横路、河桥、太湖源 4 个乡镇，其均值分别为 0.95mg/kg、1.63mg/kg、1.13 mg/kg、1.61mg/kg。

全区山核桃林地土壤碱解氮含量平均达 195.21mg/kg，根据含量大小可分为两类：＞200mg/kg 的乡镇有昌化、大峡谷、岛石、太湖源；＜170mg/kg 的乡镇有河桥和新桥；其他乡镇介于 170～200mg/kg。不同乡镇土壤碱解氮的差异可能与农户对土地的劳力与经济投入不同有关。全区山核桃林地土壤有效硫含量平均为 25.97mg/kg，以大峡谷、岛石、马啸、太湖源的土壤有效硫含量较高，分别达 42.76mg/kg、24.90mg/kg、25.29mg/kg、31.89mg/kg；而其他乡镇林地的土壤有效硫含量则介于 11～18mg/kg。

表 3-7 不同乡镇山核桃林地土壤理化性质

乡镇	样本数（个）	pH	有机质（g/kg）	速效钾（mg/kg）	有效磷（mg/kg）	碱解氮（mg/kg）	有效硫（mg/kg）
昌化	11	5.79± 0.81	28.27± 10.85	100.13± 33.63	0.95± 0.65	215.86± 71.91	11.66± 4.14
大峡谷	53	4.82± 0.47	39.80± 18.06	110.27± 42.90	3.89± 5.59	214.95± 81.96	42.76± 30.92

（续）

乡镇	样本数（个）	pH	有机质（g/kg）	速效钾（mg/kg）	有效磷（mg/kg）	碱解氮（mg/kg）	有效硫（mg/kg）
岛石	70	5.31±0.66	35.54±15.45	146.65±74.14	14.8±15.46	210.96±62.56	24.9±20.62
河桥	7	6.17±0.64	23.95±13.16	91.57±40.97	1.63±1.38	158.55±57.02	17.34±9.65
横路	26	5.43±0.62	33.94±9.33	115.83±62.05	1.13±1.40	193.16±46.10	13.67±6.34
龙岗	20	5.92±0.61	31.18±10.94	81.89±40.35	2.10±2.26	180.97±41.74	13.35±4.73
马啸	19	5.85±0.52	30.15±19.07	93.45±49.76	4.59±5.18	176.6±68.64	25.29±11.47
清凉峰	52	5.63±0.60	27.15±10.56	86.79±42.17	5.34±13.53	174.4±54.95	14.82±6.58
太湖源	5	4.81±0.18	38.00±14.75	103.59±57.91	1.61±1.12	277.06±135.48	31.89±15.33
湍口	30	5.86±0.64	27.36±9.06	86.97±45.47	2.81±7.21	177.6±47.00	16.96±12.18
新桥	28	5.74±0.62	30.41±13.58	86.86±47.96	3.56±11.38	165.2±62.38	16.44±24.55
平均值		5.4	33.86	115.8	6.92	195.21	25.97

表 3-8 为不同乡镇山核桃林地土壤微量元素含量情况。全区土壤有效铁、有效锰的含量平均值分别达 19.16mg/kg、47.48mg/kg，其中岛石镇的土壤有效铁、有效锰的含量较高，分别为 26.88mg/kg、62.46mg/kg，而马啸镇的土壤有效铁、有效锰的含量较小，仅为 13.68mg/kg、31.52mg/kg。全区山核桃林地土壤有效锌、有效铜的含量平均值分别达 1.80mg/kg、1.11mg/kg，其中以清凉峰镇的土壤有效锌、有效铜的含量为最高，分别达 2.26mg/kg、2.95mg/kg，而太湖源镇的土壤有效锌、有效铜的含

量为最低，仅为 0.97mg/kg、0.38mg/kg。全区山核桃林地土壤
有效硼含量平均达 1.31mg/kg，含量较高的乡镇为清凉峰，其值
为 1.77mg/kg；含量较低的为太湖源，其值为 0.78mg/kg；其余
乡镇的土壤有效硼含量则介于 0.80~1.42mg/kg。

表 3-8 不同乡镇山核桃林地土壤微量元素

乡镇	样本数 （个）	有效铁 （mg/kg）	有效锰 （mg/kg）	有效锌 （mg/kg）	有效铜 （mg/kg）	有效硼 （mg/kg）
昌化	11	18.51± 10.12	58.85± 23.53	1.73± 0.93	0.89± 0.34	1.22± 0.52
大峡谷	53	21.3± 9.96	43.82± 21.67	1.83± 1.29	0.44± 0.27	1.42± 0.39
岛石	70	26.88± 12.76	62.46± 27.85	2.12± 1.18	1.3± 0.83	1.4± 0.53
河桥	7	13.71± 12.32	47.15± 25.59	1.4± 0.55	1.04± 0.67	0.94± 0.60
横路	26	18.94± 7.82	36.63± 20.86	1.21± 0.70	0.56± 0.26	0.91± 0.52
龙岗	20	16.01± 6.40	56.23± 18.57	1.73± 0.66	1.12± 0.69	1.05± 0.42
马啸	19	13.68± 6.20	31.52± 17.04	1.44± 1.03	1.13± 0.66	1.37± 0.79
清凉峰	52	16.16± 9.35	49.94± 29.41	2.26± 1.86	1.10± 0.76	1.77± 2.02
太湖源	5	18.97± 3.88	37.88± 17.47	0.97± 0.41	0.38± 0.45	0.78± 0.41
湍口	30	17.92± 10.15	48.81± 15.52	1.71± 1.11	1.27± 0.56	0.92± 0.34
新桥	28	17.23± 8.19	33.44± 16.70	1.38± 1.49	1.09± 0.76	0.8± 0.58
平均值		19.16	47.48	1.80	1.11	1.31

3. 成土母岩对山核桃林地土壤肥力质量的影响

山核桃经营过程中大量肥料的使用，使林地土壤酸化，板岩、砂页岩、千枚岩和花岗岩4种母岩形成的土壤平均pH均低于6.0，但土壤pH对母岩有较大的继承性，各种母岩形成的土壤pH从高到低依次是板岩（5.99）、砂页岩（5.76）、千枚岩（5.11）、花岗岩（4.72）。有研究表明，最有利于山核桃生长的土壤pH为6.0～7.0，但现有山核桃林分表层土壤中的pH偏低。因此，如何阻止山核桃林地土壤进一步酸化显得尤为重要。不同母岩发育山核桃林地土壤有机质含量可以看出，不同母岩发育形成的土壤有机质含量存在明显差异，其中花岗岩发育的土壤有机质含量最高（43.11g/kg），明显高于板岩、千枚岩和砂页岩。不同母岩发育土壤碱解氮、速效钾含量没有显著差异，林地碱解氮、速效钾含量分别大于150mg/kg和100mg/kg，能很好地供应山核桃生长。

不同母岩发育山核桃林地土壤有效磷含量存在着显著差异，含量从大到小依次为千枚岩（7.29mg/kg）、砂页岩（4.91mg/kg）、花岗岩（3.73mg/kg）、板岩（1.23mg/kg）。不同母岩发育的土壤中有效硫的含量存在显著差异，含量从大到小依次为花岗岩（38.73mg/kg）、千枚岩（24.59mg/kg）、砂页岩（16.16mg/kg）、板岩（14.58mg/kg）。土壤中钙的含量与母质母岩类型有关，由花岗岩发育的山核桃林地土壤交换性钙含量为5.22mg/kg，明显低于其他3种母岩发育的土壤。不同母岩发育山核桃林地土壤交换性镁、有效硼含量差异均不显著，土壤交换性镁含量为0.90～1.56mg/kg，有效硼含量为1.27～1.54mg/kg。土壤有效铁、有效锰、有效锌含量由于不同母岩发育而存在一定差异。有效铁、有效锰含量以千枚岩发育的土壤最高，分别是31.24mg/kg、67.49mg/kg，明显高于砂页岩、花岗岩和板岩。而有效锌含量则表现为板岩和千枚岩发育的土壤明显高于砂页岩和花岗岩。

4. 随海拔高度的变化

随着海拔高度的增加，土壤有机质含量也提高，海拔小于

200m 的土壤为 28.09g/kg，大于 800m 的土壤则递增至 47.59 g/kg，这主要是由于随着海拔高度的升高，气温下降，有机质的分解速度减慢和矿化作用减弱。土壤 pH 随着海拔高度的增高而下降，土壤酸性增强。海拔小于 200m，土壤 pH 为 6.08；而海拔 200～800m，土壤 pH 为 5.0～6.0；海拔大于 800m，pH 则降为 4.71。即山核桃林地土壤有机质随着海拔的升高递增，pH 则随海拔的升高而降低，但不同海拔之间土壤碱解氮含量差异不大。土壤速效钾、有效磷和有效硫也受海拔高度的影响。海拔 400～700m 土壤速效钾的含量较高，其值超过 110mg/kg，海拔低于 400m 或高于 700m，其含量均减小。海拔 500～700m 的土壤有效磷含量较高，其值超过 8.0mg/kg，当海拔低于 500m 或高于 700m，其含量均逐渐减小。海拔大于 800m 时土壤有效硫含量达到最大。土壤微量元素随海拔变化规律不明显。

二、山核桃产量与土壤肥力的关系

调查表明，与山核桃生长关系较为密切的土壤肥力因子主要有土壤及母岩类型、土层厚度、土壤结构、质地、容重等物理性质及土壤酸度、有机质和其他养分等因素。田间调查表明，山核桃产区的主要成土母岩或母质有石灰岩、页岩、花岗岩、砂岩和第四纪红土砾石层，由此而发育的土壤类型有黑色石灰土、红色石灰土、幼年石灰上、红壤、黄红壤和黄壤。从山核桃产量来看，以生长在黑色石灰土上的山核桃产量最高，其次是山地黄壤，黄红壤、红色石灰土属中等，而幼年石灰土、普通红壤及由花岗岩发育的黄红壤上的山核桃生长结果普遍较差。一般来讲，黑色石灰土水、肥、气、热比较协调，能充分满足山核桃生长结果所需的养分和水分，因而表现出高产；而幼年石灰土及由花岗岩发育而来的黄红壤因石砾含量过高保水保肥性能差，由第四纪红土发育而来的红壤，因黏性大、通气性差、养分较缺乏，所以产量均较低。

在某些情况下，土壤物理性质对土壤肥力的影响甚至大于土壤化学性质，它既可影响土壤养分含量，更影响土壤养分的有效性。从调查来看，土层厚度、土壤结构、容重和质地等因子都对山核桃生长与结果有重要影响。土层的厚与薄往往决定了山核桃根系伸展及其对水分和养分的吸收范围，在土壤及母岩类型等一致的情况下，随着土层厚度的增加，山核桃产量有明显增加的趋势。土层薄的土壤，在夏季干旱年份还会影响到山核桃的结实率和果实质量，其空壳率明显增加。山核桃丰产林的土层厚度达 60cm 以上。高产林的土壤大多呈粒状或团粒状结构，而低产林分的土壤大多呈核状和块状。团粒状结构对土壤的水、肥、气、热具有良好的调节作用，因而产量高。高产林分的土壤容重较小，大多在 $1.0g/cm^3$ 以下，低产林分的土壤容重较大，大多在 $1.35g/cm^3$ 以上。土壤容重较小，土壤疏松、透气、有机质含量高或土壤结构好，土壤的水、肥、气、热的协调，有利于山核桃的根系发育及生长结果。高产林分的土壤质地一般由壤质黏土到壤土，低产林分的土壤质地大多为壤质黏土（轻黏）。

山核桃生长发育过程，除受上述土壤物理性质影响外，土壤酸度也起着重要的作用。山核桃适宜生长的土壤酸碱度为微酸性至中性。土壤有机质含量和其他土壤养分（如氮、磷、钾、钙、镁及微量元素锌、硼等）对山核桃产量有重要作用。其中，有效磷、速效钾含量与产量关系密切，这与山核桃的果肉磷、钾含量高是一致的。从调查和果实分析来看，土壤养分条件也是造成山核桃果实产量大小年的主导因子，而其他外界条件如气候、病虫害以及采收时间和技术等可以加大或缩小大小年的差距，改变大小年间隔年限，但不是主导因子。高产林地的土壤有机质含量大多高于 16g/kg，而低产林大多在 16g/kg 以下。山核桃高、低产林地之间的土壤全氮和全磷含量差异并不大，高产林土壤全氮为 0.8～2.4g/kg，平均为 1.31g/kg；低产林土壤全氮为 0.8～1.6g/kg，平均为 1.31 g/kg；高产林土壤全磷为 0.66～2.38g/kg，平均为 1.30g/kg，低产林地土壤全磷为 0.61～1.65g/kg，平均为 0.94g/kg。但山核桃高、低产林土壤速效钾含量则有一定差异，高产林土壤速效钾为55~149mg/kg，平均为92mg/kg；低产林土壤速效钾为27.5~64mg/kg，平均为43.78mg/kg。临安区某些区域山核桃低产主要与土壤结构差、砾石多、容重偏大、有机质含量低、有效磷不足、速效钾不足等有关。

调查还表明，山核桃果实品质与土壤性质间存在明显的相关关系。其中，粗脂肪含量与土壤有效磷含量呈显著正相关关系；粗蛋白含量与土壤有机质、碱解氮及有效磷间具有显著的相关性；钾元素含量与土壤有效钾呈显著正相关关系；钠元素含量与土壤 pH 呈显著负相关关系；钙元素含量与土壤 pH 呈极显著负相关关系；镁元素含量也与土壤 pH 间具有较强的负相关关系。

三、存在问题及改良建议

临安区山核桃低产原因主要是土壤结构差、砾石多、容重偏大，有机质含量低及某些营养元素（有效磷、速效钾）的不足是引起山核桃林低产的主要原因之一。同时，山核桃林地土壤酸化现象普遍。山核桃树主要种植在中—上寒武系的震旦系的泥质、碳质和白云质灰岩及钙质页岩等发育的土壤，喜欢石灰岩发育的土壤。这类岩石发育土壤呈微碱性，一般 pH 7.0 以上。1982 年土壤调查结果表明，土壤平均 pH 7.3，但现有山核桃林地土壤 pH 大于 7.0 的仅占 4%。pH 的下降可能会增加土壤溶液中钙的淋溶，导致交换性钙量的减少，而钙的淋溶不合理又可能导致土壤 pH 的继续下降，使微碱性的土壤逐渐成为酸性土壤。为此，提出以下改良对策。

1. 科学施肥

针对山核桃林地土壤酸化及其生长特点，已研发出适用于山核桃林地的山核桃专用肥两种：①硫酸钾型无机复合肥料，养分总含量 38%，$N : P_2O_5 : K_2O = 15 : 11 : 12$，外加 20% 有机质；②硫酸钾型无机复合肥料，总含量 30%，$N : P_2O_5 : K_2O = 15 : 9 : 6$。

2. 降酸

建议施用石灰、土壤消毒剂等调解土壤酸性。

3. 控制水土流失

水土流失可导致土壤有机质含量下降和土壤酸化。阔叶幼林改造成山核桃纯林后（10 年），土壤有机质含量从 46.59g/kg 下降到 28.54g/kg，这主要是由于阔叶幼林在改造成山核桃林的过程中，人为的垦复、枯落物投入量的减少，入不敷出，长年不合理使用除草剂，水土流失加剧，从而导致表层土壤有机质含量下降。据初步估算，土壤流失量每年达 4 020kg/hm²，10 年共流失土壤40 200 kg/hm²，相当于 2.3cm 厚度的土壤，在自然条件下需 230 年才能形成。土壤交换性 H^+、Al^{3+} 量提高，而交换性盐基离子减少，造成土壤盐基饱和度下降。据 1982 年分析结果，交换性酸总量为 0.07cmol/kg，但现今交换性的总量大多已超过 0.38cmol/kg，比 1982 年明显提高；而盐基饱和度在 1982 年达 99.2%，接近全饱和，但现值平均为 82%左右，下降幅度较大。针对水土流失严重、有机质含量下降、土壤盐基饱和度下降的问题，建议增施有机肥，以生物培肥为目标，积极推广紫云英、白三叶和土油菜等绿肥的种植。通过改善土壤的理化性质，增加土壤通透性，提高土壤渗透能力和保水保土效果，促进土壤熟化，提高土壤的抗蚀性，减少水土流失量。

4. 增加基础地力

引起山核桃低产除土壤肥力因素外，目前，许多林分疏密不匀、老少同林、病虫滋生、树冠残缺不全也是低产的重要原因。同时，不少林分地势起伏大、坡度陡，水土流失严重，保水保肥能力差。因此在低产林改造时，应根据林地具体情况对症下药采取改造措施，才能达到事半功倍的目的。对低产林地，增施有机肥，挖山劈山改善土壤物理性状，根际施用钾肥，磷、钾肥或有机肥与钾、磷肥混施，可能对提高低产林分的山核桃产量具有明显的效果。

四、山核桃林地施肥技术

1. 施肥技术

山核桃施肥要根据立地条件、山核桃生物学特性、土壤肥力状况和实用经济原则，进行科学施肥。

（1）肥料种类和配比 山核桃在氮、磷、钾肥料中对钾肥有特殊的需要，有机肥料养分全面，有丰富的钾素，且对土壤物理和化学性状有很好的改良效果，因此山核桃林施肥以有机肥和复合肥为主。因幼林以营养生长为主，适当增加氮肥施用量，根据生产经验配方施肥，氮、磷、钾的比例以 5：2：3 为宜；2～3 年生，每株施化肥 0.5kg、栏肥 15～20kg，可分别于 2 月中下旬及 9 月初两次等量施入。进入盛果期的山核桃肥料氮、磷、钾的比例以 4：2：4 为宜。土壤肥沃、树木生长旺盛时可减少氮的比例，增加磷、钾的比例，反之则增加氮的比例。一般 4 年以后施肥要增施化肥 1kg、有机肥 20～30kg。

（2）施肥时间 根据山核桃的生物学特性，施肥时期以春秋两季为好。山核桃 4 月雌花芽分化发育，5 月春梢生长和裸芽发生，春季 2～3 月施速效肥可以促进雌花芽分化、发育和春梢的生长发育，有利于提高雌花质量，减少落花落果；山核桃 9 月初果实成熟采收，采果后至 11 月中旬落叶的 70 多 d 时间，叶片的光合产物的积累对翌年雌花芽分化和春梢发育关系极大，所以在 8 月底或 9 月中旬的采果前后施速效肥与有机肥相结合，可以延长叶的寿命，增加光合产物积累。山核桃落花落果十分严重，严重的年份在花后 20d 内落花率可达 70％以上。而 6 月的落果可占总幼果数的 60％～90％。因此，保花保果对山核桃的丰产稳产十分重要。落花的原因主要是花期低温多雨、授粉受精不良，没有受精的花朵在花后 20d 基本落光。其次在结果多的大年，营养不足，裸芽生长弱，树体积累养分少，翌年（小年）雌花发育不良。6 月落果主要是因雨季低温多雨，日照不足，光合产物下降，树体营养不足引起生理失调而落果。根据落果的原因而采取的保花措施主要有：施肥、人工辅助授粉、化学药品和外源激素应用以及其他农业技术措施。

（3）施肥量与施肥方法　株产 5kg 坚果的单株，年施氮、磷、钾配方肥 2～3kg 或复合肥 3kg，有机肥 20～25kg 为宜。目前多数采用在树四周 1.5m 直径环沟施肥，沟深 20cm，沟底放些有机肥，化肥撒在有机肥上再覆土，也有在林地地表撒施，这种施法肥料容易挥发或流失，同时也促使根系向地表发展，效果不好。在坡陡土薄的地方最好在树冠范围内分散打穴，深 40～50cm，穴内先放栏肥、杂草或落叶，后放肥料，最上面覆草，这样穴内可以保水，有机物与化肥相结合，可延长肥效，减少流失。

2. 山核桃专用配方肥

山核桃对钙有特别的需要，对氮、磷、钾三要素中的钾的需要量超过一般果树。临安区山核桃林 80％ 以上分布于石灰土或带有石灰性的土壤上，这种土壤上铁、锰、硼、铜、锌等微量元素有效性降低，而这些微量元素又是山核桃生长所必需的。从施肥和保花保果的实践证明，施用有机肥与化肥相结合、在化肥中增加钾肥的比例、在花期使用 $CuSO_4$ 涂干或喷施对增加产量和保花保果都有显著效果。

山核桃专用配方肥是根据山核桃的生物学特性及其分布的土壤类型和肥力特点而研制的配方肥料，可用钙镁磷肥、氯化铵、尿素、氯化钾、硫酸锌、硫酸锰为原料，添加有机材料，经混合、造粒而成。根据山核桃对养分的需要及多年田间试验，肥料的理化指标定为：$N+P_2O_5+K_2O$ 总含量大于 25％，有效镁（MgO）含量大于 3.60％，有机质含量大于 10％，碱分（CaO）大于 12％，锰、锌含量分别大于 0.10％，制成球状或条状，便于使用。该肥适宜于石灰岩土上使用，因其含有 12％ 的 CaO，也适于酸性土使用。经岛石镇下塔村试验，在其他管理的基础上于每年 5 月株施 1kg 山核桃专用配方肥，取得山核桃 4 年平均年亩产 147.75kg 的效果，而且基本上消灭了大小年。临安区农业技术推广中心研制开发的山

核桃专用配方肥，三要素总含量 38％，N∶P₂O₅∶K₂O＝15∶
11∶12，外加 20％有机肥（无机、有机相结合）。

施用配方肥的山核桃林施肥管理可分 3 次进行，第一次在 3
月，通过施肥促进当年花芽分化、发育和春梢的枝叶生长；第二次
在 6 月，此时是幼果生长旺盛期，通过施肥可以减少落果现象，加
速果实生长；第三次宜采果前半个月施入，通过施肥可以恢复树
势，促进叶片寿命，增加叶片的光合作用能力，使合成的营养尽量
多储存在枝干及根内，供翌年春季花芽分化和新梢生长用。每次施
肥量按上年产蒲量而定。即：每棵产蒲 50kg 以上，每次每棵施专
用配方肥 1.5～2.5kg；每棵产蒲 25～50kg，每次每棵施专用配方
肥 0.75～1.5kg；每棵产蒲 25kg 以下，每次每棵施专用配方肥
0.5～0.75kg。经龙岗镇林坑村配方肥肥效试验示范，示范点山核
桃面积共 7 337m²，亩施配方肥 65kg，平均每亩产量 34kg，比空
白对照区平均亩产 24kg，增产 41.7％；比常规 45％含量复合肥亩
施 70kg、亩产 28kg，增产 21.4％。

3. 新型高效硼肥引进与示范推广

持力硼、速乐硼是美国产优质农用硼肥。持力硼是一种土壤基
施肥，有效硼含量高，是普通硼砂的 10 倍，其特点是肥效长，能
长达 3～6 个月，吸收利用率高，安全环保无公害，使用方便、成
本低。速乐硼是一种叶面喷施肥，有效硼含量是普通硼砂的 14 倍，
速溶性好，在低温下也能快速融解，利用率高，混配性好，可同农
药一起施用，以上硼肥能有效防止油菜花而不实、促进山核桃开花
受精、防治空籽、减少落果，效果明显。

临安区山核桃土壤由于受土壤缺硼和山坡林地土壤肥水供应不
足影响，山核桃落花落果严重，结实不饱满，常年自然坐果率仅
30％左右，空果率达 10％～15％，导致品质和产量明显下降。据
浙江农林大学山核桃研究所对海拔 200～800m 的 325 个山核桃林
土壤样品分析，pH 平均为 5.58，有效硼含量平均为 1.31mg/kg，
有效硼含量不足。2005 年开始，引进美国优质农用硼肥持力硼、

速乐硼，在山核桃上进行多点探索性试验，发现持力硼、速乐硼对防治山核桃落花落果、空壳瘪籽效果十分明显。

山核桃是一种喜硼作物，需硼量高，特别是开花结果期，缺硼会影响山核桃的花芽分化、开花授粉，导致花芽发育不良、开花时间短、授粉率降低、落花落果多、花而不实、空果率高，严重影响山核桃的产量与品质，因此施好硼肥是关键。硼肥施用宜早不宜迟，特别是基础硼肥，硼元素通过水移动被植被吸收利用，硼在植物体内移动很快，硼肥施入土壤中通过分解，再被植物吸收利用需较长一段时间，山核桃对硼的需求主要是花芽分化至幼果膨大期，在硼元素充足的条件下才能确保山核桃的开花结果，满足幼果膨大、正常生产，所以早春施硼肥是打基础，最好是在3月结合施春肥。选用持力硼混合山核桃专用肥，采用开沟条施或穴施，按树的大小，每株施用 15～20g。为了满足山核桃生长发育的需要，在需硼高峰可叶面喷施补硼，可用速乐硼，结合山核桃防治花蕾蛆害虫，与农药一起喷施，具体当山核桃雌花蕾 2cm 长时，用速乐硼 15g 兑水 15kg 喷施，既补硼又治虫，一举两得，效果十分明显。

高效硼肥的引进示范推广，使山核桃落花落果严重、空壳瘪籽较多的情况大为改观，对产量和品质都有明显提高，大小年现象逐年缩小。昌化镇通过大力推广应用"高效硼肥"和"灭蝇胺"防治技术等，山核桃病虫害损失大幅减轻，空壳瘪籽率明显降低，产量取得了突破性的增长。

第三节　茶园土壤质量与培肥改良

茶产业是临安区八大支柱产业之一，具有悠久的发展历史和丰富的文化内涵。临安区茶叶基地主要分布在太湖源镇、於潜镇、板桥镇、青山湖街道、高虹镇、潜川镇、湍口镇、龙岗镇、天目山镇等地。茶园多数分布于低山丘陵的红、黄土壤地带，土种以黄红泥土、黄泥沙土、黄泥土等为主。土地肥沃，结构疏松，对茶树生长十分有利。

一、土壤质量状况

在临安区太湖源、於潜、板桥、青山湖、高虹、潜川、湍口、龙岗等13个乡镇（街道）采集了68个茶园土壤样品，对所采集的土壤样品就有机质、碱解氮、有效磷、速效钾、pH5个指标进行化验分析。

1. 土壤有机质含量

全区茶园土壤有机质平均含量为 37.1g/kg，最高为 69.0g/kg，最低为 20.1g/kg。其中＜30g/kg 的面积为 568.5hm²，占 18.6%；含量在 30～40g/kg 的面积为 1 206.9hm²，占 39.5%；含量在 40～50g/kg 的面积为 1 469.7hm²，占 48.0%；含量＞50g/kg 的面积为 212.3hm²，占 6.9%。各乡镇茶园土壤有机质含量存在一定差异，含量较高的乡镇是湍口镇、於潜镇和龙岗镇，含量分别为 53.3g/kg、43.6g/kg 和 42.7g/kg；含量较低的乡镇是青山湖街道、河桥镇和潜川镇，含量分别为 29.3g/kg、27.2g/kg 和 26.2g/kg。不同海拔的茶园土壤有机质含量也存在一定差异，高海拔（＞500m）、中海拔（200～500m）和低海拔（＜200m）茶园土壤的有机质含量分别为 40.2g/kg、39.7g/kg 和 34.8g/kg。

2. 土壤碱解氮含量

全区茶园土壤碱解氮平均含量为 178.8mg/kg，最高为 347.0mg/kg，最低为 78.0mg/kg。其中含量＜150mg/kg 的面积为 1 219.0hm²，占 39.9%；含量在 150～200mg/kg 的面积为 788.3hm²，占 25.8%；含量在 200～250mg/kg 的面积为 832.9hm²，占 27.3%；含量＞250mg/kg 的面积为 212.3hm²，占 7.0%。各乡镇茶园土壤碱解氮含量存在一定差异，含量较高的乡镇是湍口镇、於潜镇和太湖源镇，分别为 272.7mg/kg、206.0mg/kg 和 205.5mg/kg；含量较低的乡镇是潜川镇、高虹镇和清凉峰镇，分别为 126.3mg/kg、117.8mg/kg 和 112.6mg/kg。不同海拔茶园土壤碱解氮含量也存在一定差异，高海拔（＞500m）、中海拔（200～500m）和低海拔（＜200m）茶园土壤的碱解氮含量分别为 194.6mg/kg、193.2mg/kg 和 167.0mg/kg。

3. 土壤有效磷含量

全区茶园土壤有效磷平均含量为 14.5mg/kg，最高为 68.0 mg/kg，最低为 1.6mg/kg。其中，含量＜5mg/kg 的面积为 746.8hm²，占 24.5%；含量在 5～10mg/kg 的面积为 780.4hm²，占 25.5%；含量在 10～15mg/kg 的面积为 136.9hm²，占 4.5%；含量＞15mg/kg 的面积为 1 388.3hm²，占 45.5%。土壤有效磷含量较高的乡镇是太湖源镇、湍口镇和大峡谷镇，分别为 19.6mg/kg、19.5mg/kg 和 18.4mg/kg；含量较低的乡镇（街道）是锦南街道、板桥镇和潜川镇，分别为 4.9mg/kg、4.7mg/kg 和 2.4mg/kg。不同海拔茶园土壤有效磷含量也存在一定差异，高海拔（＞500m）、中海拔（200～500m）和低海拔（＜200m）茶园土壤的有机磷含量分别为 19.6mg/kg、19.4mg/kg 和 10.3mg/kg。

4. 土壤速效钾含量

全区茶园土壤速效钾平均含量为 112.7mg/kg，最高为 315.0mg/kg，最低为 28.0mg/kg。其中，含量＜80mg/kg 的面积为 805.2hm²，占 26.4%；含量在 80～120mg/kg 的面积为 1 427.1hm²，占 46.0%；含量在 120～160mg/kg 的面积为 749.1hm²，占 24.5%；含量＞160mg/kg 的面积为 95.1hm²，占 3.1%。土壤速效钾含量较高的乡镇是龙岗镇、湍口镇和太湖源镇，分别为 182.7mg/kg、157.5mg/kg 和 156.2mg/kg；含量较低的乡镇（街道）是锦南街道、河桥镇和於潜镇，分别为 70.0mg/kg、55.0 mg/kg和 48.8mg/kg。不同海拔茶园土壤速效钾含量也存在一定差异，高海拔（＞500m）、中海拔（200～500m）和低海拔（＜200m）茶园土壤的速效钾含量分别为 167.6mg/kg、135.5 mg/kg和 84.5mg/kg。

5. 土壤 pH

全区茶园土壤酸化现象显著，pH 为 3.4～6.6，均呈酸性。其中，pH<4.0 的占 1.82%；pH 在 4.0～4.5 的占 18.60%；pH 在 4.5～5.0 的占 75.10%；pH>5.0 的占 4.48%。pH 较高的乡镇（街道）有天目山镇、青山湖街道和清凉峰镇，平均分别为 5.3、4.8 和 4.8；pH 较低的乡镇有高虹镇、潜川镇和河桥镇，平均分别为 4.3、4.1 和 3.9。不同海拔茶园土壤 pH 也存在一定差异，高海拔（>500m）、中海拔（200～500m）和低海拔（<200m）茶园土壤的 pH 分别为 4.9、4.8 和 4.5。

二、培肥改良措施

近年来，由于茶农追求经济效益最大化，有机肥用量减少，化肥用量增加且盲目施用，加上茶树根系分泌多碳酸和有机酸的自身生物特性，导致茶园土壤养分失衡和土壤酸化等问题逐渐趋于严重。为此，根据茶园土壤实际状况，提出了以下方法和措施进行培肥和改良，以实现临安区茶产业高产化、高效化和优质化。

1. 培肥改良策略

临安区茶园采用无公害化标准生产，在施肥上存在一定要求。但是在实际生产上，多数只局限于现阶段的生产需要，并没有着眼于长期的地力培育。因此，必须根据茶园土壤肥力状况及主要限制因子选择不同的培肥对策。对于茶园土壤肥力水平达到Ⅰ级标准的茶园，以保持肥力为主，主要是测土配方施肥和改良酸化土壤；对于肥力水平达到Ⅱ级标准的茶园，主要是在测土配方施肥和改良酸化土壤的同时，强化土壤耕作；对于肥力水平仅达到Ⅲ级标准的茶园，应以测土配方施肥、改良酸化土壤、增施有机肥和强化土壤耕作这四项措施联合进行。

2. 培肥改良措施

（1）实施测土配方施肥 化肥可迅速改变茶园土壤养分含量水平，如施肥不平衡，会导致土壤养分不平衡，茶树营养供应不协调，最终致使茶叶产量低下，品质不佳，甚至引起茶树的缺素症。因此，在茶园施肥中不能只施氮肥，要实行氮、磷、钾肥及微肥配施。要充分应用现有的测土配方施肥技术成果，根据茶园土壤检测结果，制定科学的施肥方案，合理施用氮、磷、钾以及中微量元素等肥料，应用适宜的施肥方法，选择好品种，确定好数量，掌握好施肥时期。特别要注意土壤养分限制因子元素肥料的施用，例如锦南街道、於潜镇和河桥镇等地茶园土壤速效钾含量较低，应注重钾肥的科学施用，尽最大努力做到氮、磷、钾及中微量元素供应平衡。另外，在肥料品种上，也不能长期施用一种肥料，值得注意的是，茶树为忌氯作物，特别是幼年茶树对氯元素十分敏感，因此，不宜大量单独施含氯量较高的氯化钾等化肥，做到几种形态肥料交换轮流施用，尽量避免施用生理酸性肥料，这样既可以平衡土壤养分条件也可以防止土壤酸化。一般要求：在施肥时期上，要重施基肥，基肥与追肥配合施用；在施肥用量上，要重施氮肥，氮肥与磷、钾肥及微肥配合施，用量可参照土壤化验结果来确定；在施肥方法上，要重施根部肥，根部肥与根外肥配合施用。

（2）改良酸化土壤　茶树虽是喜酸性作物，但绝非土壤越酸越好。多年来茶园土壤酸化已引起人们高度重视，不少茶园土壤酸碱度已超过茶树生长最适宜的范围（pH 为 4.5～6.0）。临安区茶园土壤 pH 为 3.4～6.6，均呈酸性。有超过 1/5 的茶园土壤 pH＜4.5，不适宜茶树生长。因此，加强对茶园土壤酸度变化的监测及采取必要措施防止进一步酸化，显得十分必要。主要从以下两个方面着手进行：一是要对茶园土壤进行定期监测，及时了解酸度变化。监测时必须做到"三定"，即定点、定时、定位，确保监测的均一性和结果的真实性。二是要施用白云石粉（$MgCO_3$＋$CaCO_3$），调节土壤酸度。一般每亩 15～30kg 于秋、冬季撒施在行间，结合秋耕翻入土壤，每年（或隔 1～2 年）一次。

（3）增施有机肥料　为进一步提高以"天目青顶"为代表的临安茶叶品质与品牌效应，就必须重视有机肥的投入。有机肥，尤其是一些厩肥、堆肥和腐熟的畜禽粪便等，一般都是呈中性或微碱性反应，在茶园中具有中和土壤游离酸的作用，并且各种有机肥都含有较丰富的钙、镁、钠、钾等元素，可以补充茶园盐基物质淋失而造成的不足，具有缓解土壤酸化的效果。有机肥中的各种有机酸及其盐所形成的络合体，具有很强的缓冲能力，对茶园酸化有很大的缓冲作用。通过增施有机肥，在提高土壤养分含量的同时，提高土壤保水、保肥能力，改善土壤通透条件，达到培肥茶园土壤的目的。尤其针对土壤有机质含量较低的茶园，要增施有机肥肥料。一般要求 2～3 年幼龄茶园每亩施堆肥 1 000～1 500kg，或菜籽饼肥 75～100kg；4～5 年幼龄茶园每亩施堆肥 1 500～2 000kg，或菜籽饼肥 100～150kg；成龄采摘茶园每亩施堆肥不得少于 2 500kg，或菜籽饼肥 150～200kg，也可两者各半掺混施用。

（4）强化土壤耕作　适度耕作可提高茶园土壤透气性和透水性，从而使空气、水分和养分等状况得到全面改善，为茶树根系的伸展创造良好条件，主要表现在以下几点：一是能切断生长于表层的根系，促使根系向下伸展，减少地表径流，提高土壤透气性、透水性，为更多的雨水渗入创造条件，以增强茶树的抗旱能力；二是把地表层较肥厚的土壤连同杂草、枯枝、落叶等有机物翻耕入土，经腐化分解后充当肥料而增加土壤养分，供茶树吸收利用；三是耕作加速了土壤有益微生物的活动，有利于有机物的分解和转化，增加土壤有效养分含量；四是茶园耕作还可以起到更新根系的作用，这对于衰老茶园尤为重要。鉴于临安区茶园的实际情况，建议与施肥结合进行深耕（30cm 左右）。对于幼龄茶园，基肥沟距茶树 20～30cm 进行深挖，随茶树长大，距离随之增大；对于成龄茶园，基肥沟深挖，两侧浅耕松土，宽度以不超过 40～50cm 为宜。

第四节　桑园土壤质量与培肥改良

蚕桑产业是临安区特色农业的重要组成部分，是一大传统产业，是局部重点产区效益农业的骨干项目和农民收入的主要来源，对全区农业和农村经济发展起着重大的促进作用。通过农业产业结构调整，全区已形成了"东竹西果，南桑北菜"的区域化布局和规模化生产新格局。2013年全区饲养蚕种63 630张，蚕茧总产量3 232.5t，张种产茧50.8kg。蚕桑总产值13 741万元，其中蚕茧总产值11 206万元，桑副产品产值2 535.6万元。临安区的桑树立地经历平地、上山、下滩、低丘缓坡的过程，主要分布于天目溪、昌化溪下游两岸的河谷平原地带，耕地立地条件相对较好，土种以黄红泥土、黄泥土、油黄泥、黄泥沙土、泥沙田、泥质田为主。

为了解全区桑园土壤的土壤质量，选取临安区河桥镇、乐平乡、於潜镇、潜川镇、湍口镇、太阳镇6个乡镇（街道），采集了207个土壤样品，进行分析。

一、土壤质量状况

表3-9为临安区桑园土壤养分状况的统计结果。总体上，临安区桑园耕地地力等级较高，其中一等1、2级耕地占桑园耕地面积38.5%，在所有产业带耕地中比例最高。

表3-9　临安区桑园土壤养分状况

乡镇	样本数（个）	pH	有机质（g/kg）	碱解氮（mg/kg）	有效磷（mg/kg）	速效钾（mg/kg）
河桥镇	60	5.6	28.8	154.8	18.2	69.1
潜川镇	93	4.8	27.8	172.4	39.7	93.2
太阳镇	4	4.4	30.8	167.5	23.6	64.3
湍口镇	5	5.8	36.2	168.7	6.1	80.8
於潜镇	45	4.5	27.1	171.3	33.7	69.7
合计/平均	207	5.0	28.2	166.9	31.0	80.2

全区桑园土壤有机质含量平均为28.2g/kg，最高的地区湍口镇平均为36.2g/kg，最低的地区於潜镇平均为27.1g/kg（表3-

10）；碱解氮含量平均为 166.9mg/kg，最高的地区潜川镇平均为 172.4mg/kg，最低的地区河桥镇平均为 154.8mg/kg；有效磷含量平均为 31.1mg/kg，最高的地区潜川镇平均为 39.7mg/kg，最低的地区湍口镇平均为 6.1mg/kg；速效钾含量平均为 80.2 mg/kg，最高的地区潜川镇平均为 93.2mg/kg，最低的地区太阳镇平均为 64.3mg/kg；pH 平均为 5.0，低于 4.5 的占 40.6％，表明区内桑园土壤酸化已相当严重。总体来看，临安区桑园土壤肥力状况较好，土壤有机质、碱解氮、有效磷、速效钾等养分指标含量较好，但地区差距大，存在养分失衡、土壤酸化严重现象。

表 3-10 桑树种植区土壤养分统计结果

pH	<4.5	4.5~5.4	5.5~6.4	6.5~7.4	7.5~8.4	≥8.5	平均
样点数	84	61	38	21	2	1	5.0
占比（％）	40.6	29.5	18.4	10.1	1.0	0.5	
有机质（g/kg）	<10	10~20	20~30	30~40	40~50	≥50	
样点数	1	26	105	60	11	4	28.2
占比（％）	0.5	12.6	50.7	29.0	5.3	1.9	
碱解氮（mg/kg）	<50	50~100	100~150	150~200	200~250	≥250	
样点数	0	12	59	98	28	10	166.9
占比（％）	0	5.8	28.5	47.3	13.5	4.8	
有效磷（mg/kg）	<5	5~10	10~20	20~30	30~50	≥50	
样点数	9	31	56	25	42	44	31.0
占比（％）	4.3	15	27.1	12.1	20.3	21.3	
速效钾（mg/kg）	<50	50~80	80~100	100~150	150~200	≥200	
样点数	59	78	19	31	10	10	80.2
占比（％）	28.5	37.7	9.2	15	4.8	4.8	

二、桑园施肥管理

临安桑园土壤酸化严重，有机质含量不足，造成桑园产量、质量下降，导致桑树对桑细菌性枯萎病、黄化型萎缩病等病害的抵抗力下降，严重影响了蚕桑生产，桑园培肥管理需在以下方面加以改进。

1. 适当增施磷、钾肥，提高桑树抗病能力

由于桑园长期施用速效氮肥，造成土壤板结，桑树的抗病能力下降。在当前有机肥料，特别是厩肥严重不足的情况下，提倡适当增施磷、钾肥，促进桑树枝条充实，增强抗病和抗自然灾害的能力。

2. 桑园套种绿肥和蔬菜，增加土壤有机质，改善土壤结构

桑园冬春季节进行绿肥和蔬菜套种，绿肥可选择紫云英、黑木草、蚕豆、苜蓿等种类，待绿肥长至盛花期时翻入桑园地内。冬季利用冬闲桑园套种青菜、雪里蕻等蔬菜，既可以充分利用桑园间隙增加亩桑效益，又可在栽种蔬菜时施用肥料，提高桑园肥力，可谓一举两得。

3. 中耕除草，改良土壤理化性状

目前桑园都采用化学除草，由于长期不翻耕桑园，桑树根系都处在浅土层，桑树抗旱能力和桑树寿命下降，因此要求成林桑园夏伐时隔年进行深翻，改善土壤理化性状，增强土壤有益微生物的活性。

4. 大力提倡和开展测土配方施肥

合理科学配方施肥是当前比较好的桑园施肥方法，根据不同桑园、不同土壤种类，以及不同氮、磷、钾含量及高产桑园所需肥料施入量来合理配置肥料中氮、磷、钾比例以保证桑树生长所需。

三、桑树配方施肥技术

1. 施肥量

根据桑树发育规律，春季生长量大但生长周期短，约占全年总生长量的1/3。因此，桑树施肥时期与比例春肥应占 20%～30%。

夏秋季生长量大，生长周期约占全年生长量的 2/3，因此夏秋肥占全年施肥量的 50%～60%。冬期生长量小，冬肥要占全年施肥量的 10%～30%。

2. 施肥时期与肥料种类

桑树施肥量一般每亩施复混肥 100～150kg，尿素 15kg，厩肥 2 500～3 000kg。①春肥：春肥宜在桑芽尚未萌发前施入，小蚕用桑宜早施，大蚕用桑可稍迟。每亩施复混肥 25～50kg，尿素 5kg，根外施 1%磷酸二氢钾或 0.5%尿素。②夏秋肥：夏肥分两次施入，第一次在夏伐后随即施入，第二次在夏蚕饲养结束施入；秋肥在 8 月施入，不宜太迟。夏季施肥量要适当增多，并选择质量好的肥料，并要施用氮、磷、钾肥，秋肥要以速效肥为主，同时要控制氮肥用量，适当增施磷、钾肥，以提高桑树抗寒能力。一般夏秋肥每亩施复混肥 50～100kg，尿素 10kg，根外施 1%磷酸二氢钾或 0.5%尿素或其他叶面肥。③冬肥：以有机肥为主，一般亩施厩肥 2 500～3 000kg，复混肥 25kg。

3. 施肥的方法

桑园施肥的方法一般有沟施、穴施、环施、灌施、撒施及根外追肥等方法。①沟施：沿桑树行间开一条沟，沟的宽窄深浅由施肥量与肥料的种类来决定，一般沟的深浅和宽度为 20cm×30cm，开沟时要尽量不要损伤根部。②穴施：在株间或行间开穴，穴的大小深浅随肥料的种类、施用量来决定。树小施肥量少，开穴宜小而浅，树大施肥量多，开穴宜大而深。一般穴的深、宽为 20cm×30cm。每次开穴应变换位置，以利桑根均衡发展。施肥后即行覆土，防止肥分逸散。③环施：在桑树根部的四周开一条环状圆沟，沟的大小深浅随株距、行距、树龄、树冠、施肥量等而变化，一般在离主干 50～100cm 处开 20～30cm 的环沟，把肥料施入后，覆土踏实，本法适用于散植的高干桑或乔木桑。④撒施：把肥料均匀撒在桑园的地面上，再通过中耕把肥料翻入土内，一般结合冬耕、春耕进行。⑤根外追肥：在桑叶旺盛生长期，在傍晚或阴天喷洒桑叶正、背面，每隔 5～6d 喷一次，在干旱季节可适当增加喷洒次数。

第五节　蔬菜地土壤质量与培肥

蔬菜产业是临安的传统优势农业产业之一。临安的山地资源丰富，发展山地蔬菜种植具有明显的区位和地理优势。临安区蔬菜年产量约 15 万 t，年产值约 4.2 亿元，以山地蔬菜为主，在全区各乡镇均有分布，面积较大的乡镇（街道）有锦南街道、玲珑街道、太阳镇、昌化镇、龙岗镇、清凉峰镇和湍口镇。

一、土壤地（肥）力状况

临安区蔬菜地土壤类型、肥力状况差异很大。城郊蔬菜基地的农田基础设施比较完善，土壤比较肥沃且耕层较厚，生产能力较强，但由于长期耕种，土壤障碍因子较多。山地蔬菜种植区的农田基础条件相对较差，土壤耕层较薄、肥力相对较低，很多不是长年种植，因此连作障碍相对较少。蔬菜产业带土种主要为黄泥沙田、洪积泥沙田、洪积油泥田、黄油泥田和沙砾塥洪积泥沙田等，耕层厚度一般，剖面发育良好，耕层质地以壤土、沙壤土为主，还有一部分黏壤土。

总体上，临安区蔬菜地土壤肥力较好（表 3-11），有机质含量平均为 33.85g/kg，最高的是天目山镇，平均含量为 45.05 g/kg；最低的是昌化镇，平均含量为 23.97g/kg。土壤有效磷较为丰富，平均含量为 35.1mg/kg，其中最高的地区是昌化镇，平均含量为 61.9mg/kg，最低的是青山湖街道，平均含量为 15.53mg/kg。土壤速效钾也较为丰富，平均含量为 111.9 mg/kg，最高的为高虹镇，平均含量为 174.0mg/kg；多数地区土壤速效钾含量达到 100mg/kg 以上。土壤 pH 平均为 5.6，土壤总体偏酸性。

表 3-11 蔬菜作物种植区土壤主要养分状况

镇（街道）	样本数（个）	pH	有机质（g/kg）	碱解氮（mg/kg）	有效磷（mg/kg）	速效钾（mg/kg）
锦城街道	8	5.5	31.98	139.88	34.9	110.6
锦南街道	17	7.2	35.24	143.66	22.5	114.6
青山湖街道	6	6.3	31.98	138.83	15.53	123.67
玲珑街道	7	6.0	35.64	163.86	16.0	97.4
板桥镇	3	6.1	30.10	144.00	27.33	102.0
太湖源镇	12	4.8	34.37	178.23	42.8	137.3
高虹镇	2	5.1	40.95	198.50	53.0	144.8
天目山镇	2	5.0	45.05	104.15	46.95	174.0
於潜镇	3	4.7	34.37	179.90	29.2	62.0
太阳镇	2	4.8	32.40	176.50	16.85	156.5
昌化镇	3	5.9	23.97	132.73	61.9	78.33
龙岗镇	6	4.7	31.77	181.88	41.38	72.0
河桥镇	1	5.3	27.00	125.60	54.7	93.0
湍口镇	5	4.7	31.28	180.82	18.74	63.2
清凉峰镇	15	4.9	34.62	164.65	11.5	125.3
岛石镇	6	5.5	35.48	196.10	40.87	122.67
平均		5.6	33.85	161.0	28.5	111.9

　　根据土壤地力水平和蔬菜生长情况，大致可把临安区蔬菜基地分为 4 种类型：①类型一：占基地面积的 40%，土壤肥力较好，蔬菜生长正常，产量较高，表层 0～20cm 土壤疏松，电导率低，一年四季无返盐现象，分布于清凉峰、龙岗、太湖源等镇的高海拔山区。②类型二：占基地面积的 38%，呈酸性，土壤养分含量虽然较高，但由于电导率较高，出现土壤板结、返盐，造成蔬菜生长差，产量低。集中分布在锦北街道、锦南街道、玲珑街道、於潜镇和昌化镇的城郊蔬菜基地及清凉峰镇、龙岗镇、太湖源镇、高虹镇

等老高山蔬菜基地。③类型三：占基地面积的 17％，这类蔬菜地土壤曾有较严重的表土板结返盐、电导率偏高等障碍因子，造成菜苗枯萎死亡等现象发生。④类型四：占基地面积的 5％，多为新造田或土地整理过的田块，表土薄，石块裸露，不积水，不积肥，不适宜种植蔬菜。

二、蔬菜施肥技术特点

蔬菜生产一般要求土壤比较肥沃，施肥量大。蔬菜种类繁多，不同的种类营养特点和施肥方面具有差异性，同一种蔬菜不同生育期对营养元素的要求不同。因此，根据蔬菜的营养特点和需肥规律进行科学合理的施肥是达到蔬菜生产目标的重要途径。蔬菜施肥应以有机肥为主，辅以其他肥料；以多元复合肥为主，单元素肥料为辅；以施基肥为主，追肥为辅。

基肥是指在蔬菜播种前或定植前施入田间的肥料。基肥应以有机肥为主，混拌入适量的化肥。在确立基肥的品种和数量时必须注意以下几点：防止肥料浓度的障碍；基肥中氮肥多用硝态氮，而少用铵态氮；氮素基肥中，供给作物氮量的 70％作基肥、30％作追肥；磷肥应全数作基肥。蔬菜对磷的吸收量，以氮为 100 时，磷则为 24～30；基肥中钾肥不宜过多，一般情况下，钾肥施入量为蔬菜作物吸收量的 0.8～1.4 倍。

追肥是指蔬菜播种后或定植后追加补充的肥料。追肥应根据不同蔬菜、不同生长时期，适时适量地分期追肥，以满足蔬菜各个生长时期的需要。各种蔬菜追肥重点为：根菜类在根或茎膨大期；白菜、甘蓝等生长期长的绿叶蔬菜类，在结球初期或花球出现初期；瓜类、茄果类、豆类，在第一雌花结果（荚）后。

根外追肥是指在蔬菜叶面上，用喷洒肥料溶液或肥料粉末的方法，使蔬菜通过叶子进行营养吸收。根外追肥适用于容易被土壤固定及淋失的肥料和春季长期下雨土壤过湿时应用。根外追肥用的肥料溶液的浓度，因作物及外界条件的差异而不同，一般为千分之几至百分之一。

三、主要蔬菜品种的施肥技术

1. 山地茄子

茄子属喜温作物，较耐高温，结果期适宜温度为 25～30℃。临安山地茄子种植面积 333.3hm²，平均亩产 6 000kg，年产优质茄子 2 万余 t。种植地宜选择土层深厚、富含有机质、排灌方便、光照充足，三年内未种过茄果类和马铃薯的山地。施足基肥：每亩施入腐熟有机肥 3 000kg，复合肥 40kg 或磷肥 35～40kg，尿素 10～15kg，硫酸钾 15kg（或草木灰 100kg）作基肥，采用全层撒施或畦沟深施，磷肥也可在定植时穴施。合理追肥：追肥应采用"少施多次、前轻后重"的原则，一般从茄子开花结果到剪枝前应追肥两次，时间为第三次采收后和剪枝前一周，以后每隔 15d 左右追肥 1 次，每亩施尿素 10～12.5kg、三元复合肥 5～7.5kg，整个生育期还应用 0.3%～0.5%磷酸二氢钾喷施 4～5 次。叶面追肥 2 次。在茎部膨大后期，采收前 10d 停止追肥。

2. 山地七姐妹朝天椒

七姐妹朝天椒是浙江省临安区地方品种，果实每节 7 个成簇朝天着生，成熟果黄色，果形漂亮，辣味浓厚，是调味佳品，适应性广，也可作观赏盆景栽培。在海拔 450m 山地早春小拱棚育苗，苗龄 55d 露地移栽，定植至始采成熟果 67d 左右，采摘期约 76d。属晚熟品种。山地栽培一般成熟果产量为 15t/hm² 左右。

根据山地气候特点和延长采摘期要求，宜在 3 月中旬小棚育苗。选择背风向阳、地势平坦、土层深厚、便于灌溉，前茬没有种过茄果类蔬菜的地块，深翻耙平，做成宽 1.2m、长 10m 的苗畦，每畦施入充分腐熟的细粪 175kg、三元复合肥 1kg、过磷酸钙 0.25kg，起畦做苗床。3 叶期时适施三元复合肥 37.5～45kg/hm²。3 叶以后适当控水，促根生长，培育壮苗。移栽前 7d 施好起苗药肥，喷施 15%恶霉灵 1 000 倍液，浇施三元复合肥 75kg/hm²，做到带药带肥移栽。苗龄 55～60d，12～14 叶时移栽。

基肥：大田一般要求提前 15～30d 翻耕晒垡，提前 7d 施生石灰 1.5t/hm²。接连沟宽 1.3m 起畦，施腐熟栏肥 30t/hm²、焦泥灰 15t/hm²、钙镁磷肥 450t/hm²、含硫复合肥 450t/hm² 作底肥。

施肥原则：施足基肥、适施苗肥、轻施花肥、重施长果肥、配施叶面肥，基肥以有机肥为主。定植后 3～5d 轻施花肥，浇施 0.5% 的三元复合肥或稀薄人粪尿；坐果后重施长果肥，浇施三元复合肥 112.5t/hm²，始采果后浇施三元复合肥 112.5t/hm²，以后每 7～10d 追肥 1 次，每次施三元复合肥 105～150t/hm²。

3. 番茄

番茄根系发达，在土层中分布面广而深，吸收水肥能力强，并有一定的耐旱、耐肥的能力。番茄吸钾量最高，其次为氮，最低为磷。每生产 1 000kg 番茄需纯氮 2.5kg、五氧化二磷 0.65kg、氧化钾 4.5kg。番茄不同生育期养分吸收量随植株的生长发育而增加。在幼苗期以吸收氮素为主，随着茎的增粗和增长，番茄对磷、钾的需求量增加。在结果初期，氮在 3 种主要营养元素（氮、磷、钾）中占 50%，钾只占 32%，进入结果盛期和开始收获时，氮则占 36%，钾占 50%。番茄较合理施肥的 $N：P_2O_5：K_2O$ 比例为 1：（0.4～0.6）：（1～1.2）。氮、磷、钾配合施用还可以增加果实中维生素 C 和糖含量。番茄的具体施肥技术如下：定植番茄前，每亩施有机肥 2 000kg、草木灰 1 000kg、磷肥 30～50kg。一般在第一穗果开始膨大到乒乓球大小时，可进行第一次追肥，每亩施纯氮 5～6kg、氧化钾 6～7kg。第二次追肥是在第一次穗果即将采收、第二穗果膨大至乒乓球大小时，每亩施纯氮 5～7kg、氧化钾 6～8kg。第三次追肥在第二穗果即将采收、第三穗果膨大到乒乓球大小时，每亩施纯氮 5～6kg、氧化钾 6～7kg。

4. 四季豆

四季豆属豆科属一年生蔬菜，豆角富含蛋白质、胡萝卜素，营养价值高、口感好，是我国广泛栽培的大众化蔬菜之一。每生产

1 000kg 豆角，需要纯氮 10.2kg、五氧化二磷 4.4kg、氧化钾
9.7kg，由于根瘤菌的固氮作用，豆角生长过程中需钾素最多、磷
素次之、氮素相对较少。因此，四季豆施肥原则是适量施氮，增施
磷、钾肥。根据四季豆需肥特性，其施肥方式为：重施基肥，以腐
熟的有机肥为主，配合施用适当配比的复混肥料；追肥施腐熟的有
机肥 15 000kg/hm² 或复合肥 75～120kg/hm²，以后每采收两次豆
荚追肥一次，尿素 75～150kg/hm²、硫酸钾 75～120kg/hm²。另
外，在生长盛期，根据豆角的生长现状，可适时用 0.3％的磷酸二
氢钾进行叶面施肥。

5. 长瓜

长瓜是一种高产蔬菜，生育期内需要充足的肥水供应，但生长
前期应适当控制肥水，以缩短节间距离，防徒长；开花结果期加大
肥水量，以促进瓜条的发育。生产 1 000kg 长瓜约需纯氮 2.6kg、
五氧化二磷 1.5kg、氧化钾 3.5kg。亩产长瓜 4 000～5 000kg 需纯
氮 10.4～13kg、五氧化二磷 6～15kg、氧化钾 14～15.7kg。长瓜
定植前每亩施 2 500kg 充分腐熟有机肥，加 45％复合肥 30kg，沟
施。追肥分期进行，第一次追肥在第一次摘心后，每亩施复合肥
5kg，加水 600kg，促侧枝生长。第二次追肥在结第一档瓜时，每
亩施复合肥 10kg，加水 1 000kg。采摘期，每采一次瓜追一次肥，
追肥量一般施 45％复合肥 10kg，加水 1 000kg。

6. 山地黄秋葵

黄秋葵又名秋葵、羊角豆等。为锦葵科秋葵属一年生草本植
物。黄秋葵营养价值高，其嫩果中含有由果胶及多糖组成的黏性物
质，每 100g 嫩荚中含蛋白质 2.5g、糖类 2.7g、脂肪 0.1g、纤维
素 1g、维生素 A660 国际单位、维生素 B_1 0.2mg、维生素 B_2
0.06mg、维生素 C 44mg、钙 81mg、磷 63mg、铁 0.8mg，可提供
150 kJ 的热量。黄秋葵气味芳香，口感爽滑；一般可炒食，做汤或
腌渍、罐藏等。黄秋葵花果期长，花大而艳丽。黄秋葵是集营养、
美食、保健与观赏于一体的新优蔬菜。

2009 年在临安区清凉峰镇、昌化镇、玲珑街道、板桥镇等地试种黄秋葵，均获成功，黄秋葵对土壤适应性强，但为获得高产，须选择土壤肥沃、疏松、排灌方便、光照充足的田块种植。播前或定植前将土壤深翻耕，1.4m 连沟作畦，畦宽 1m，沟宽约 40cm、深 25～30cm。在畦中央开沟施肥，每亩施腐熟厩肥 2 000～3 000kg、钙镁磷肥 25～50kg、三元复合肥 15～20kg，翻耕后将畦面整平。追肥视植株长势而定，苗期长势差的在缓苗后可追施速效氮肥 1～2 次，开花坐果期则每采收 2～3 次穴施追肥 1 次，每次每亩施复合肥 10kg。

7. 芦笋

每亩每生产 500kg 芦笋嫩茎，需从土壤中吸收纯氮 8.75kg、五氧化二磷 2.5kg、氧化钾 7.5kg、氧化钙 6.25kg。芦笋的施肥量应根据全年嫩茎产量，地上茎、地下茎、肉质根生长量的大小，土壤养分含量的多少，肥料品种的性质和利用率以及气候条件等综合因素来决定。氮、磷、钾比例一般为 5∶3∶4。芦笋施肥应以有机肥为主，化肥为辅，少施氮肥，重施磷、钾肥。施充分腐熟有机肥 2 000～3 000kg，复合肥 130～150kg，尿素 50kg。分 3 次施肥，第一次是采收前，在行间开沟有机肥一次施入；第二次是 6 月中下旬，春季采笋结束后，开始留母茎时，追施三元复合肥 60～70kg，尿素 25kg；第三次是 8 月初，再追施复合肥 60～75kg，尿素 25kg，以促进芦笋的秋季生长。

第六节　旱地土壤质量与培肥改良

临安区属典型的山区，粮食产需缺口大，粮地矛盾突出。20 世纪末以前，受种植结构调整、粮食政策、土地经营方式等因素影响，种粮面积、产量年际波动较大。进入 21 世纪，随着城镇化、工业化、交通、生态旅游业的快速发展和农业种植结构不断调整，水田面积不断减少，水稻种植由两季改为单季，粮食总产减少。为保障粮食生产安全和增强粮食综合生产能力，临安区非常重视旱粮生产，采取"水田减少旱地补，水稻减少旱粮补"措施，增加农民收入，提高土地利用率。主要采用小麦（油菜）—玉米（甘薯）种植制度，一年两熟，旱粮作物主要有玉米、大豆、甘薯及其他杂粮等。

一、土壤质量特征

临安区旱地土壤有机质等肥力较低，全氮和全磷含量通常在 1.0g/kg 左右，有效磷含量一般在 10mg/kg 甚至 5mg/kg 以下，速效钾含量大多低于 100mg/kg；酸性较强，pH 一般在 6.0 以下。存在水土流失、土层浅薄，土壤瘠、酸、黏、板等问题。施肥对旱地土壤肥力有较大的影响，有机—无机肥配合施用有利于旱地土壤肥力的提高。

二、旱地土壤培肥改良

根据旱地土壤的肥力特征及农业发展的需要，应加强养分平衡与流失规律、土壤性质调控与改良、高效利用与管理模式以及长期定位监测等方面的研究。改良利用的主要措施如下。

1. 保持水土

临安区雨量充沛但分布不匀，特别是在陡坡地、覆盖度低的地区，水土流失极为严重，故采取保持水土的措施是改良利用旱地土壤的一项重要举措。目前保持水土的主要措施有在旱地周围营造各种林带、草带，坡地改梯田，修建山塘水库，等高种植，拦洪筑坝，以及采取"土不离根，根不离土""冬深耕，夏浅耕，春不耕"等措施都有助于保持水土。

2. 增施有机肥

旱地土壤通气性好，因矿化速率高，加上水土流失，土壤有机质含量低。故提高有机质含量是改良旱地土壤的关键，土壤有机质的增加是一个十分缓慢的过程，其主要来自于秸秆还田、厩肥及绿肥的最终分解产物，因此种植绿肥及增施有机肥是主要措施。

3. 注意施用氮、磷肥和石灰

临安区旱地主要为红壤，缺乏各种有效养分是造成低产的重要原因，所以，施用石灰以中和其过强的酸性，在提高有益微生物的活性、促进养料转化、增强土壤保肥能力、改善土壤不良结构等诸多方面都有良好的作用。

4. 合理耕作与轮作

临安区雨水不匀，在水利条件差的地方，常出现伏旱、秋旱和冬干。为改善这些土壤耕层浅薄、板结，蓄水抗旱和透水通气性能差等缺点，采取深耕改土的措施有助于改善耕性及土壤理化性质。根据土壤特点，合理轮作，做到用地养地相结合。

5. 旱地改水田

在水利条件好的地区，可将旱地、荒地改为水田，这是发展生产和防止水土流失的有效措施。土壤水热条件的改变，也有利于土壤肥力的提高。

三、旱粮作物的施肥技术

1. 玉米

玉米是一种高产作物，其植株高大、根系发达、需要养分多。据测定，每生产 100kg 玉米籽粒，需要吸收氮（N）2～4kg、磷（P_2O_5）0.7～1.5kg、钾（K_2O）1.5～4kg。由于品种特性、土壤条件、产量水平以及栽培方式不同，玉米吸收养分的数量和比例不同。玉米苗期植株小、生长慢，对养分吸收的数量少、速度慢。拔节、孕穗到抽穗开花期，是玉米营养生长和生殖生长同时并进的阶段，生长速度快，吸收养分的数量也多，是吸肥的关键时期。开花授粉以后，吸收数量虽多，但吸收速度逐渐减慢。春玉米和夏玉米吸肥情况不同，春玉米吸氮以中期（拔节至抽穗开花）为主，占50%以上。而夏玉米苗期吸氮约占 10%，中期占 70%～80%，后期约占 10%。春玉米吸磷量中期占 60%～70%、后期占 30%～

40%，夏玉米苗期吸磷量约占 10%、中期约占 80%、后期约占
10%。玉米吸收钾素，春、夏玉米均以苗期占干物重的百分比最
高，以后随植株生长逐渐下降，其累进吸钾量，均在拔节后迅速上
升，至开花期已达顶峰，以后吸收很少。以鲜食玉米都市丽人为
例，按鲜果穗春播亩产 715kg，秋播亩产 672kg 的高产施肥技术如
下：施肥原则是施足基肥，早施苗肥，重施攻穗肥。氮肥用量攻穗
肥占 50%～60%，增施有机肥和磷、钾肥。中等肥力土壤，每亩
施纯氮 18～20kg、五氧化二磷 6～8kg、氧化钾 8～10kg。郑单 14
号自 1997 年引入临安试种，表现出产量高、增产潜力大、适应性
广等特点，是临安的主栽品种之一。郑单 14 号高产施肥试验表明，
不同的施肥方法对产量和经济性状影响十分明显。采用每亩施基肥
1 000kg、磷肥 15kg 和钾肥 5kg 条件下，每亩施纯氮 20kg，按基
肥、苗肥、拔节肥、穗肥和粒肥施用比例 1∶1∶2∶5∶1 处理的产
量最高。因此，在施足基肥基础上，采取重施穗肥、增施壮秆肥、
补施栏肥的施肥方法，可达到高产目的。

2. 马铃薯

临安区马铃薯种植历史悠久，一般以零星种植为主，近年来种
植面积逐年扩大。马铃薯在生长期中形成大量的茎叶和块茎，产量
较高，需肥量大。在氮、磷、钾三要素中，以钾的需要量最多、氮
次之、磷最少，每生产 100kg 块茎需吸收纯氮 0.5kg、五氧化二磷
0.20kg、氧化钾 1.06kg，氮、磷、钾比例为 1∶0.4∶2.1。马铃
薯需肥规律：在幼苗期以氮、钾吸收较多，分别达到总吸收量的
20% 以上，磷较少，约占总吸收量的 15%。块茎膨大期，由于茎
叶大量生长和薯块的迅速形成，吸肥较多，占总量的 50% 左右。
淀粉积累期，养分的吸收减少，占总量的 25% 左右。以早熟、优
质、鲜食马铃薯品种中薯 1 号为例，生育期约 80d。高产栽培施
肥：三元复合肥 40～50kg、尿素 10kg、过磷酸钙 25kg、氯化钾
10kg，配施有机肥 1 000kg 作基肥；追肥一般在 6～7 叶时看长势
施用，苗势好则少施或不施，苗势差则应多施。追肥每亩施三元复

合肥 20kg、钾肥 10kg，尽量不施尿素或碳酸氢铵等化学氮肥。

3. 大豆

大豆每生产 100kg 籽粒，需要纯氮 3.1kg、五氧化二磷 0.9kg、氧化钾 2.9kg。自出苗期到始花期，氮的吸收量占一生总吸收量的 40%，开花期占 59%，终花期至成熟期占 1%；磷的吸收分别为 30%、36%、34%；钾的吸收分别为 60%、23%、17%。根据地力情况整地时结合耕翻每亩可施腐熟的农家肥 2 000～3 000kg、过磷酸钙 20～30kg、硫酸钾 6～10kg 或草木灰 50～60kg，地力不足的再加施 5～10kg 尿素。开花前可追施复合肥并浇水，促进茎叶生长和开花坐荚。结荚期叶面喷施磷肥及硼、钼、锰等微肥利于增加花荚数，促进籽粒饱满。

4. 甘薯

甘薯适应性广，抗逆性强，是高产稳产粮食作物之一。近年来，临安区引进甘薯新品种，效益成倍增加。如薯形美观的小甘薯以粉、甜、香，口感细腻为特点，受到消费者欢迎，小甘薯平均产量 11 250kg/hm²，商品率 80% 以上，亩产值 3 000 元以上。2011 年临安甘薯种植面积 1 852hm²，总产量 12 848t，单产 6 937kg/hm²。甘薯以地下块根为经济产品，每产 1 000kg 鲜薯，需氮（N）4.9～5.0kg、磷（P_2O_5）1.3～2.0kg、钾（K_2O）10.5～12.0kg。对氮、磷、钾三要素的需求，以钾最多，氮次之，磷较少，氮、磷、钾之比约为 1∶0.3∶2.1。根据甘薯的需肥规律和土壤肥力特性，施肥技术如下：多施有机肥，增施钾肥，少施化肥，以确保其品质和食味。一般用肥量为扦插前每亩 1 000kg 腐熟有机肥条施于垄心，15～20d 后亩施硫酸钾型复合肥 30～40kg；扦插后 30d 亩施灰肥 10～15kg。在土壤供应养分能力较低的土壤上巧施追肥，补足营养。按照缺啥补啥、缺多少补多少的原则，于薯块膨大前期进行追肥，一般每亩追施氨基酸螯合型氮、磷、钾三元复合肥 7.5～10kg 或磷酸二氢钾 2～3kg。施肥方式为穴施或用水溶解后浇根。

试验表明（表3-12），施用有机肥对甘薯产量及收获后土壤养分状况均有较大的促进作用。与单施化肥相比，有机—无机配施处理的产量显著提高了24.2%～38.7%，并显著提高了土壤有机质、碱解氮、有效磷和速效钾含量，其中有机—无机配施土壤有机质含量显著高于单施化肥，而单施化肥处理土壤的碱解氮、有效磷和速效钾含量显著高于有机—无机配施；甘薯产量与土壤有机质存在着显著指数正相关关系。

表 3-12   不同处理土壤养分含量

处　理	pH	有机质 （g/kg）	碱解氮 （mg/kg）	有效磷 （mg/kg）	速效钾 （mg/kg）
本底	4.7a	4.5c	65.3c	12.8c	55.9d
化肥	4.1±0.1b	11.6±1.1b	141.9±5.9a	87.0±3.3a	233.3±15.8a
高量有机肥	4.3±0.2b	17.2±1.6a	88.7±3.0b	44.0±6.8b	166.0±5.3b
中量有机肥	4.2±0.1b	14.3±1.4a	68.7±11.8c	52.6±11.6b	129.7±10.9c

注：同一列中不同字母表示处理之间有显著性差异（$P<0.05$）。

第七节   高产稻田的培育

水稻是临安区的主要粮食作物，稻米是当地居民的主粮。临安区水稻土主要以渗育型和潴育型水稻土为主，其中黄红泥田、黄泥田、油黄泥田、洪积泥沙田和黄泥沙田占绝大多数，以种植水稻、油菜和小麦等作物为主。

一、土壤地（肥）力状况

根据近期开展的耕地地力调查，全区水田中一等一、二级耕地面积占15.0%；二等三级耕地面积占42.2%；二等四级耕地面积占38.4%；二等五级耕地面积占4.4%。无六级耕地，地力以中等为主。其总体养分供应和化学性状特征见表3-13。

表 3-13　粮食作物种植区土壤养分状况

指　标	养分指标区间与占比						平均值
pH	<4.5	4.5~5.4	5.5~6.4	6.5~7.4	7.5~8.4	≥8.5	
土样数	31	505	241	83	7	0	5.4
占比（%）	3.6	58.2	27.8	9.6	0.8	0.0	
有机质（g/kg）	<10	10~20	20~30	30~40	40~50	≥50	
土样数	0	16	289	385	143	34	33.6
占比（%）	0.0	1.8	33.3	44.4	16.5	3.9	
碱解氮（mg/kg）	<50	50~100	100~150	150~200	200~250	≥250	
土样数	1	12	215	425	167	46	177
占比（%）	0.1	1.4	24.8	49.0	19.3	5.3	
有效磷（mg/kg）	<5	5~10	10~20	20~30	30~50	≥50	
土样数	173	285	239	92	53	25	13.7
占比（%）	20	32.9	27.6	10.6	6.1	2.9	
速效钾（mg/kg）	<50	50~80	80~100	100~150	150~200	≥250	
土样数	365	364	62	62	12	2	59.3
占比（%）	42.1	42	7.2	7.2	1.4	0.2	

从表 3-13 各项指标统计分析来看，水田土壤肥力状况有以下特点：一是种粮区农田土壤存在普遍的酸化现象，粮食种植区土壤 pH 平均值为 5.4，其中 pH 低于 5.4 的土壤占 61.8%；而 1982 年普查时土壤 pH 平均值是 6.15，pH 低于 5.5 的土壤只占 5.9%。二是耕层土壤有机质含量有所降低，平均为 33.6g/kg，比 1982 年下降 8.9%，但总体上有机质水平尚为丰富，有 64.8% 土壤大于 30g/kg，有利于保肥保水。三是土壤有效磷含量整体水平仍较低，平均为 13.7mg/kg，土壤缺磷明显，其中含量 <10mg/kg 的土壤占 52.9%。四是土壤速效钾含量水平明显偏低，平均只有 59.3mg/kg，其中含量 <80mg/kg 的土壤占比达 84.1%。

二、水田土壤主要障碍类型及改良方法

临安区水田土壤存在耕作层浅、有机质偏低、养分不平衡及潜害、渍害等障碍因子。根据第二次全国土壤普查资料，全区有浅漏、黏瘦、渍潜、石灰性和酸性等低产水田类型。

1. 浅漏类低产农田

主要有沙砾塥洪积泥沙田、焦砾塥洪积泥沙田、砾塥泥沙田、岩屑砾塥黄泥沙田、焦砾塥黄泥沙田等土壤类型，主要分布于河床坡降大、流速湍急的沿溪两岸，以及水土流失严重的低山丘陵山垄间，土层浅薄，具有"浅、漏、瘦"特征。质地轻，显沙砾性，多为重石质中壤至重壤土。土层浅薄，一般耕作层只有 9cm 左右，全土层仅仅 20～30cm，其下便是卵石层，漏水漏肥严重，保水保肥力弱，有机质含量低，氮、磷、钾养分少。这类土壤改良措施主要靠逐年客土，增施有机肥和氮、磷、钾肥配施。有机肥料主要是增施栏肥、多种绿肥、推广秸秆还田和实行粮油作物合理轮作，以增加土壤的有机质，提高蓄水保肥能力，并配合施用速效氮、磷、钾肥，增加土壤速效养分。对水溶性化肥施用，要注意少量多次以免肥料流失和肥效过猛。

2. 黏瘦类低产农田

这类低产田土壤主要包括黄泥田、黄大泥田、老黄筋泥田等。其中，黄泥田分布在丘陵缓坡地段，由黄红土、黄泥土发育而成；黄大泥田分布在泥页岩地区的低山丘陵山垄或山麓缓坡，由黄红泥土发育而成；老黄筋泥田分布在河缘阶地上，由黄筋泥土发育而成。这类土壤其特点为"黏""酸""瘦""浅""缺"5个字。土壤质地黏重，有机质贫乏，耕性不良，耕作层只有 9～12cm；多属酸性至强酸性，容易产生毒质危害。这类低产农田需逐年深耕，增施有机肥，施用速效氮、磷、钾肥，增加土壤有效养分；施用石灰，改良酸性；实行水旱轮作，增加土壤通气性，促进养分释放。

3. 渍潜类低产农田

这类低产农田主要包括渍害田，土体上部次生潜育化，大多分布在低丘垄田，如青塥洪积泥田、青塥黄泥沙田、青塥黄大泥田、青塥泥质田等。主要由于质地黏重，耕作粗放，水耕旋耕和排灌渠系差，致使土壤内排水不畅，土壤滞水。亚铁反应显著，土体中含有较多的有机酸、亚铁、亚锰和硫化氢等还原性物质，肥料分解缓慢，严重影响水稻产量。这类农田低产因子主要是土温低、土壤软糊。土体长期受水渍泡，水多气少。因水的热容量大，土温回升缓慢。前期稻苗不发，中期气温转暖，土温上升后猛发，影响水稻正常生长。这类土壤虽然有机质、全氮、全磷等养分含量丰富，但因为水温、土温低，又是长时间处于渍水不通气的恶劣情况下，抑制了土壤微生物的活动，有效养分少。这类土壤主要是治潜改土，在全面规划排灌系统的基础土，实行深沟排水，降低地下水位，并实行冬耕晒垄或种植冬作物，增施磷、钾肥和有机肥，提高土壤肥力。部分烂田可改种茭白或养鱼，以及加高田埂养鱼，提高产值。渍害田主要是改善土体内排水条件，提高通气氧化性能，消除亚铁危害等。实行合理水旱轮作，精耕细作，以及增施有机肥料，改良土壤物理性能和改善排灌渠系是行之有效的办法。

4. 酸性低产农田

指土壤 pH 小于 5.5 的水田，主要分布在离村较远的山垄、丘陵岗背和山坡。酸瘦田的主要特点是：酸、瘦、黏、旱。由于管理不便，耕作粗放，用肥靠化肥，有机肥料少，造成土壤板结，也由于酸性土中的铁、铝离子对磷素的固定，使土壤严重缺磷。因此，酸、瘦和缺磷、钾，是这类土壤低产的主要原因。对这类土壤的改良，可采取适当施用石灰加以调节，一般每公顷施用 750～1 125kg，连续施用几年，可以提高土壤 pH。同时要采取秸秆还田、麦油轮作，以及增施磷、钾肥等措施，来改良土壤物理性能，并提高土壤肥力。

三、中低产田综合改造措施

中低产田改造的基本原则是统一规划，综合治理，先易后难，分期实施，以点带面，分类指导，搞好技术开发，注意远近期结合，并与区域开发、生产基本建设等紧密衔接。中低产田改造不单纯是提高当年产量，而是着眼于根本性的土壤改良，提高耕地特别是要进行提高综合生产能力的基本建设。针对不同类型中低产田采取综合措施，清除或减轻制约产量的土壤障碍因素，提高耕地基础地力等级，改善农业生产条件。在改造中低产田中应通过调整种植业结构，增加养地作物，增施有机肥，并进行生态农业建设，进行水、土、田、林、路综合治理，提高土地的可持续生产能力。

1. 科学规划

在进行中低产田综合治理前，组织农、林、水等相关部门，合理拟定开发项目区，围绕资源调查，进行评估论证；制定各阶段开发规划和年度计划，认真组织工程设计。在项目区的选择上，既要考虑资源条件，又要兼顾地方群众的积极性和配套能力，严格项目的申报和审批程序；对开发地块的裁定要求集中连片，注重开发工程的连续性，实现规模开发。

2. 坚持开发工程高标准、高质量

改造中低产田的各项工程都是严格按建设标准的有关规定执行，田面工程达到田成方、林成网、渠相通、路相连，实现水、田、林、机、路综合治理，桥、涵、闸等建筑物配套，做到开发一片、达标一片、见效一片。

3. 加强开发工程的管护

开发工程竣工后，为使其长久发挥作用，要采取相应的管护措施。首先办理移交手续，建设单位把工程建完后要分别移交给管护单位。工程移交后，要制定管护措施，制定奖罚办法，确保工程完好率。

四、高产农田地力建设与培育

为提升水田土壤生产能力，自 20 世纪 90 年代以来，临安区政府加大了对农田基础设施的建设力度，通过土地整理、农业综合开发以及中低产田改造等项目实施，已建成较大规模的旱涝保收标准农田。目前，临安区的高产优质农田主要集中在这些标准农田区域内。

1. 高产农田土壤的肥力特征

农田土壤肥力的高低通常是依据水稻产量的高低来区分，一般水稻产量高的农田土壤，其水、肥、气、热等肥力因素比较协调，也易于被人们调节和控制，作物按其高产生理的要求，能从这类土壤中获得水、肥、气、热的充分供应，最大限度地满足其各生育期的生理需要。据常年产量（亩产 900～1 000kg）的高产田块调查，临安区高产稳产水稻土的基本特点是耕层深厚（15～18cm），犁底层不太紧实，淀积层棱块状结构发达，利于通气透水，其下为潜育层或母质层，剖面中无高位障碍层次（如潜育层或沙砾层）；质地适中，耕性良好，水分渗漏快慢适度，养分供应协调。

（1）具有良好的土体构型和物理性状 高产田的剖面构造一般都具有深厚的耕作层，发育适当的犁底层，水气协调的淋溶淀积层和青泥层或母质层。一般要求其耕作层达 15cm 以上，总孔隙度较大。因为水稻的根系 80％集中于耕作层，耕作层深厚则根系发育和吸收养分的范围扩大有利于地上部的生长，因此，深厚的耕作层是获得水稻高产的重要土壤因素。其次是有发育适当的犁底层，厚5～7cm，土色暗灰，呈扁平的块状结构，较紧实。灌水期起着托水保肥的作用。但高产土壤犁底层不宜过紧过厚，以利土壤通气、透水和根系的伸展。三是水气协调的淋溶淀积层，此层厚度都在40～50cm，受地下水升降和季节性水分淤积的影响，垂直节理明显，结构棱柱状或棱块状，水气比较协调，并有大量铁质的淋溶和淀积，形成锈斑、锈纹。地下水位以在 80cm 以下为宜，以保证土体的水分浸润和良好通气状况。总体来看，高产水稻土耕作层深厚，结构良好，三相比例适宜，供应和协调水稻生长所需的水、肥、气、热能力较强。

（2）土质不宜过黏过沙　土壤肥力状况受土壤质地的影响，高产水稻土既要有一定的保水、保肥能力，又要有一定的通气、透水性，质地过沙过黏都不适宜，一般以中壤至重壤为好。

（3）适量的有机质和丰富的土壤养分含量　高产水稻土耕作层中的有机质、氮、磷、钾不仅贮量比较丰富，有效养分较多，而且供肥力强，氮、磷、钾等养分之间比例也比较适当，能较好地满足作物生育的各个阶段对养分的需要，使土壤供肥与作物的生理需要相协调。高产土壤还有较好的保蓄养分的能力，能持续稳匀地供给作物。其中，土壤有机质以 20～50g/kg 为宜，过高或过低均不利水稻生育；全氮含量大于 2.0g/kg，土壤有效磷＞20mg/kg，速效钾＞100mg/kg。

（4）结构、耕性良好、渗漏量适当　良好的结构和耕性是高产水稻土具有的重要特征。据耕作层土壤容重测定结果，泥质田、半沙田土壤容重 1.06g/cm³，孔隙度 56%～60%，泥沙田、洪积泥沙田土壤容重 0.99g/cm³，孔隙度 60%，说明土壤较疏松，耕性和通气透水性较好。良好的土壤渗漏量指标为 10～15mm/d。而适宜的地下水位是保证适宜渗漏量和适宜通气状况的重要条件。日渗漏量适度，通过水分的渗漏可将灌溉水中的溶解氧带入耕作层及以下层次，来补充氧气不足，协调水、气矛盾，有利于土壤肥力的发挥。当然渗漏量过大就成了漏水田，使耕作层的养分大量漏失，对水稻生长不利。渗漏量过小，土体上部持水，溶解氧得不到补充，土壤中的还原性物质增多，会产生毒害作用，对水稻的生长也不利。

2. 高产标准农田地力建设

根据临安区水田土壤的分布特性和肥力现状，农田地力提升需要采取"工程、农艺、生物"等综合措施，分类分区进行培肥改良。临安区于 2010 年开始实施标准农田质量提升工程，以二等田为主要提升对象，结合农田基础建设改造，提出了调酸、增施有机肥、"控氮、稳磷、增钾"配方施肥、秸秆还田、冬种绿肥以及加强翻耕轮作等地力建设措施，来建设高产高等级标准农田。

(1) 搞好农田基本建设，改善土壤水分状况　这是保证水稻土的水层管理和培肥的先决条件。据调查，低产水稻土和高产水稻土，其耕作层养分含量相差不大，而低产水稻土往往由于地下水位高、土壤剖面下层水多、气少、三相不协调，致使水稻产量徘徊不前。搞好农田基本建设，能在最大限度削弱自然因素如气候、地形、水文等对土壤肥力因素的不利影响、增强抗御自然灾害的能力，是建设高产稳产水稻土的根本性措施。建设目标是按标准农田规范化改造建设，达到一日暴雨一日排出和抗旱能力 50～70d，冬季地下水位保持在 50cm 以下，基本形成农田网格化，田面平整、田地成方，沟渠路配套的建设要求。

(2) 增施有机肥料，增加土壤有机质　有机肥料是培肥熟化土壤的主要物质基础。根据对高产土壤有机肥质含量的调查与分析，在建设和培育高产稳产的水稻土过程中，通过增施有机肥是提高土壤有机质含量的主要措施。推广种植绿肥，可以增加土壤有机质含量，还可以激发土壤原有的有机质分解，促进养分转化，保持地力常新。推广稻草、麦秆、油菜秆等秸秆还田，也具有良好的培肥作用。建设目标是每年每亩增施商品有机肥 200～300kg；冬闲田冬种绿肥面积达到 90% 以上；引导和鼓励农户做好作物秸秆还田，做到粮食作物秸秆还田量达到 50%。通过连续几年建设，促使全区标准农田的土壤有机质含量达到 35g/kg 以上，土壤阳离子交换量达到 15～20coml/kg，土壤容重保持在 1.1g/cm^3 左右，改善耕层质地，使耕层土壤达到沙、黏适中。

(3) 推广配方施肥，平衡土壤养分　通过推广配方施肥技术，合理配施氮、磷、钾及中微量元素，促进土壤养分基本保持平衡，以满足作物生长需求。根据二等田土壤养分状况，要控制氮肥用量，适施磷肥，增施钾肥，推广施用水稻配方肥（氮：磷：钾＝16：10：12 或氮：磷：钾＝18：10：12），"控氮、稳磷、增钾"，促使土壤有效磷含量保持在 20～30mg/kg，速效钾含量达到 100～150mg/kg。

（4）增施生石灰，调节土壤酸碱度　土壤偏酸或酸性太强，不利于作物生长与养分吸收，还易引发各种病害。根据土壤检测，全区农田土壤酸化现象严重，通过合理增施生石灰，将土壤 pH 提高到6.0 左右。施生石灰量可依据土壤酸化程度，每年每亩施 50kg 左右。

（5）加强耕翻，合理轮作，改善土壤物理性质　耕作层比较浅薄，不利于高产稳产。要因土制宜，加深耕作层，对于耕作浅薄而犁底层厚的水稻土，需要通过深耕来减薄犁底层，以改善土壤的通透性，扩大根系的营养范围。对于土层浅薄的砾塥洪积泥沙田、岩屑砾塥黄泥沙田等需要通过客土法来增厚耕作层，使之成为 15～18cm 厚度的土肥泥活的耕作层。采取水旱轮作，可改善土壤理化性质，提高作物产量。水旱交替削弱了嫌气过程对土壤的强烈影响，增强了土壤通气性，有利于还原性毒害物质的清除，有利于促进有机质的矿化和更新。合理的水旱轮作与灌排是改善水稻土的温度、Eh 值以及养分有效释放的首要土壤管理措施。有客土来源的区域可通过客土法改造薄土田，增厚表土层。

五、水田主要作物的施肥技术

1. 单季晚稻配方施肥技术

临安区单季晚稻产量一般较高，肥料需求量也较高。但不同的水稻品种、不同的目标产量需肥差异较大。目前临安水稻主栽品种以中浙优、甬优系列为主，前者为籼型杂交品种，米质较好，生育期 130～140d，每亩产量一般为 500～600kg；后者为籼粳杂交品种，生育期长，产量高，一般每亩产量可达 800kg 以上。临安区单季晚稻总体生育期较长，整个生长期有两个明显的吸肥高峰期，一个出现在分蘖期，另一个出现在幼穗分化期，并且后期吸肥高峰比前期高，所以单季晚稻的后期穗肥非常重要。

单季晚稻一般基施氮肥的适宜比例为40%～50%，追肥比例为50%～60%，分两次进行。假设施氮总量为每亩12～16kg，机插栽培的施氮比例为基肥：蘖肥：穗肥＝40%：30%：30%。移栽施氮肥的比例为基肥：蘖肥：穗肥＝50%：30%：20%。单季晚稻的氮肥分配要体现前稳、中攻、后补的原则，前期适当控制，重点攻大穗，追肥可分2～3次进行，高产条件下，后期加一次粒肥。水稻吸收钾高峰在分蘖盛期到拔节期。孕穗期茎、叶中含钾量不足1.2%，颖花数会显著减少。晚稻田比早稻田更容易出现缺钾现象，钾含量高对增加颖花数量、提高水稻抗倒伏能力有较大作用，对后期抗稻瘟病都很必要，一般每亩施钾量（K_2O）以7.5～10kg为宜，以50%作基肥和50%作蘖肥。按照临安单季晚稻平均目标产量每亩500～600kg计算，一般每生产100kg稻谷，需从土壤中吸收氮素（N）1.6～2.5kg、磷（P_2O_5）0.8～1.2kg、钾（K_2O）2.1～3.0kg，氮（N）、磷（P_2O_5）、钾（K_2O）的比例为2：1：2。

根据临安区农田土壤养分调查，土壤缺钾明显、磷偏低、氮肥适宜的特点，一般目标产量每亩600kg单季晚稻田配方施肥方案：施氮肥（N）15kg、磷（P_2O_5）6kg、钾（K_2O）9kg。具体施肥技术如下：①移栽大田施肥方法。基肥：在亩施商品有机肥200kg左右的基础上，施用水稻专用配方肥（氮：磷：钾＝16：10：14）30kg，或（氮：磷：钾＝18：10：12）30kg作基肥；追肥：第一次在移栽后5～7d，结合除草亩施尿素8～10kg，第二次在移栽后20d左右，亩施尿素4～5kg＋氯化钾4～5kg，促花保花；穗肥：根据土壤肥力状况、稻苗长势，看苗、看天酌情巧施穗肥。②机插大田施肥方法：在亩施商品有机肥200kg左右的基础上，在机插后7d左右，结合除草亩施尿素7.5kg，在机插后18d左右，亩施尿素7.5kg＋氯化钾5kg，拔节孕穗期亩施用水稻专用配方肥（氮：磷：钾＝16：10：12）25kg。

2. 小麦施肥技术

小麦生育期较长，从播种到成熟一般需要 210～220d。小麦是一种需肥较多的作物，每生产 100kg 小麦，需从土壤中吸收 N 6kg左右、P_2O_5 2～3kg、K_2O 4～8kg，氮、磷、钾的比例约为 3：1：3。小麦在不同生育期，对养分的吸收数量和比例不同。小麦对氮的吸收有两个高峰：一是在出苗到拔节阶段，吸收氮占总氮量的40%左右；二是在拔节到孕穗开花阶段，吸收氮占总氮量的30%～40%。小麦对磷、钾的吸收，在分蘖期吸收量约占总吸收量的30%左右，拔节以后吸收率急剧增长。磷的吸收以孕穗到成熟期吸收最多，约占总吸收量的 40%左右。钾的吸收以拔节到孕穗、开花期为最多，占总吸收量的 60%左右，到开花时对钾的吸收量达到最大。因此，在小麦苗期，应有适量的氮素营养和一定的磷、钾营养，促使幼苗早分蘖、早发根，培育壮苗。拔节到开花是小麦一生吸收养分最多的时期，需要较多的氮、钾营养，以巩固分蘖成穗，促进壮秆、增粒。抽穗、扬花以后应保持足够的氮、磷营养，以防脱肥早衰，促进光合产物的转化和运输，促进小麦籽粒灌浆饱满，增加粒重。

小麦施肥要坚持以有机肥为主，合理施用化肥。中、低产区小麦每亩施用有机肥 2 000kg，高产田块每亩施用有机肥 3 000kg。在施足有机肥的基础上，根据目标产量，按小麦平衡施肥氮、磷、钾素推荐用量确定推荐施肥量。目标产量每亩 250～300kg 的化肥用量（纯量）：氮（N）9～10kg、磷（P_2O_5）4～5kg、钾（K_2O）3～4kg；目标产量每亩 220～250kg 的化肥用量（纯量）：氮（N）8～9kg、磷（P_2O_5）4～5kg、钾（K_2O）3～4kg。有机肥和磷、钾化肥一般全部用作基肥。在缺磷地块，用磷肥总量的 20%作种肥、80%作基肥。在沙性土壤上，用钾肥总量的 50%作基肥，其余与氮肥配合作追肥施用。在高产地块，氮肥用总量的 60%作基肥、40%作追肥；中、低产地块，氮肥用总量的 60%作基肥、10%作种肥、30%作追肥。小麦抽穗至灌浆期，用 0.4%～0.5%的磷酸二氢钾水溶液喷施叶面，可以增加粒重、促进成熟。同时，根据土壤硼、锌、锰等含量及小麦缺素症状有针对性地使用微量元素。

3. 油菜施肥技术

油菜对氮、磷、钾的需要量较大，每生产 100kg 油菜籽需氮（N）8.8～11.3kg、磷（P_2O_5）1.3～1.7kg、钾（K_2O）7.1～10.5kg。油菜不同生育期对氮素的吸收有两个高峰期，即苗期和抽薹期；油菜抽薹期吸钾量约占整个生长期的一半，所以油菜花期以前充足的氮、钾营养是高产的关键。油菜对磷的需求量随个体的增长而增加，不同生育期比较均衡，开花至成熟时需要量占全生育期的一半以上。

油菜施肥原则是有机与无机相结合，底肥与追肥相结合；根据土壤供肥状况，遵循肥料的报酬递减率进行平衡施肥；根据土壤养分化验结果、肥效试验结果及油菜需肥规律进行氮、磷、钾配方施肥，油菜高产栽培氮、磷、钾的肥料配比为 1∶0.5∶0.5。施肥时期根据油菜不同生育时期的需肥特点，氮肥按底施 50％、苗肥 30％、薹肥 20％ 比例施用，磷、钾、硼肥一次作底肥施用。根据油菜需肥规律，油菜对硼素敏感，需硼量大，最好底施加蕾薹期叶面喷洒硼肥。底施一般每亩硼肥施用量 0.5～1kg，可与其他氮、磷化肥混匀施入。基施量可根据土壤有效硼含量的多少而定。一般土壤有效硼在 0.5mg/kg 以上的适硼区，可底施 0.5kg 硼砂；有效硼在 0.2～0.5mg/kg 的缺硼区可底施 0.75kg 硼砂；有效硼 0.2mg/kg 以下的严重缺硼区，硼肥施用量应在 1kg 左右。叶面喷洒：用 0.05～0.1kg 的硼砂或 0.05～0.07kg 的硼酸，加少量水溶化后，再加入 50～60kg 水喷洒施用。此外，硼肥还可作为拌种、浸种或灌根施用。

第八节　果园土壤的质量与管理

水果产业是临安区农业的重要产业之一，已成为临安区农民的重要经济来源之一。临安区各乡镇（街道）均有水果种植，主要分布于锦城、板桥、於潜、潜川、龙岗等东部、中部乡镇（街道），栽培李、桃、梨、葡萄、杨梅、柑橘、猕猴桃、樱桃、枇杷、草莓、柿、枣、梅、蓝莓、西甜瓜等十多个水果品种。因此，加强果园土壤管理，也已成为临安区土壤肥料工作的重要内容。

一、土壤地（肥）力状况

根据调查，临安区水果产业种植区域的土壤种类主要为黄泥沙田、洪积泥沙田、洪积油泥田以及烂滃田等，耕层厚度浅薄，剖面发育较好，耕层质地以壤土、沙壤土为主，还有一部分黏壤土和粉壤土。表 3-14 为 15 个乡镇（街道）采集的 112 个土样（采样深度 0～30cm）分析统计结果。根据果园土壤养分状况，可将果园土壤肥力分为六个等级（表 3-15）。结果表明，全区果园土壤有机质含量平均为 27.6g/kg，属于二级（丰富）水平，其中最高的是太湖源镇，平均含量为 41.9g/kg，属于极丰富水平；最低的是河桥镇，平均含量为 6.2g/kg，属于极缺乏水平。土壤有机质含量在丰富和较丰富水平的占 52.7%，总体状况良好。

果园土壤碱解氮含量平均为 139.2mg/kg，为二级（丰富）水平，其中太阳镇、河桥镇较高，超过 200mg/kg；青山湖街道较低，平均含量为 94.8mg/kg，在较丰富水平以上的样本数占 84%。土壤有效磷平均含量为 23.5mg/kg，为二级（丰富）水平，其中湍口镇、清凉峰镇最高，分别为 54.2mg/kg 和 45.7mg/kg；河桥镇、於潜镇、锦南街道较低，分别为 3.40mg/kg、11.80mg/kg、12.84mg/kg；从极丰富水平到极缺乏水平的样本分布较为均匀。土壤速效钾平均含量为 109.7mg/kg，属于较丰富水平，其中河桥镇、天目山镇、锦南街道较高，昌化镇、於潜镇、潜川镇较低，从极丰富水平到极缺乏水平的样本分布也较为均匀。土壤 pH 平均为 4.9，其中锦南街道平均值 6.4 为最高，太阳镇 3.8 为最低，绝大多数土壤为酸性或中性，样本中碱性土壤仅 1 个。从分析结果可以

看出，全区果园比较注重氮肥的施用，而在磷、钾肥的施用中表现
不一，差异较大。

表 3-14　临安区果园土壤养分状况

乡镇 （街道）	样本数 （个）	pH	有机质 （g/kg）	碱解氮 （mg/kg）	有效磷 （mg/kg）	速效钾 （mg/kg）
锦城	19	4.9	28.3	146.2	23.2	131.5
锦南	5	6.4	28.4	119.6	12.8	166.8
青山湖	6	4.5	25.4	94.8	11.9	100.3
板桥	12	5.6	28.0	131.3	31.8	120.1
高虹	4	4.5	32.8	144.5	18.3	88.3
太湖源	4	4.6	41.9	147.9	25.1	113.3
於潜	12	4.5	28.7	126.8	11.8	84.8
潜川	18	4.3	23.5	135.5	25.9	79.6
昌化	9	5.3	26.8	149.8	17.1	76.1
龙岗	14	4.9	27.2	151.3	38.3	145.5
清凉峰	4	5.0	26.8	138.6	45.7	53.8
湍口	2	5.6	36.3	183.5	54.2	134.0
天目山	1	4.6	26.8	122.5	19.7	168.0
太阳	1	3.8	26.7	205.2	24.7	100.0
河桥	1	5.1	6.2	225.1	3.4	185.0
合计/平均	112	4.9	27.6	139.2	23.5	109.7

表 3-15　果园土壤养分含量分级标准

级别	有机质 （g/kg）	碱解氮 （mg/kg）	有效磷 （mg/kg）	速效钾 （mg/kg）	pH
1	＞30	＞150	＞25	＞150	＞8.5 强碱性
2	25～30	120～150	20～25	120～150	7.5～8.5 碱性
3	20～25	90～120	15～20	90～120	6.5～7.5 中性
4	15～20	60～90	10～15	50～90	5.5～6.5 微酸

（续）

级别	有机质 （g/kg）	碱解氮 （mg/kg）	有效磷 （mg/kg）	速效钾 （mg/kg）	pH
5	10～15	30～60	5～10	20～50	4.5～5.5 酸性
6	<10	<30	<5	<20	<4.5 强酸性

二、果园土壤的改良

良好的土壤条件是果树优质丰产的基础。根据临安区的实践，果园土壤改良大致可采取以下方法。

1. 客土

具有不良性状的果园土壤不但养分含量低，而且水、气、热状况不协调，为给果树特别是幼果树提供良好的土壤条件，可选用轻质、肥沃的耕层土壤，再掺入 1/4～1/3 的腐熟农家肥或商品有机肥，充分混匀，配成营养土作回填土。

2. 覆盖

春、秋季分别在树周围 1～2m 处覆盖 3～5cm 的作物秸秆，可起到保水、平抑地温的作用。秸秆经耕翻沤制后，可转化为土壤有机质，释放出氮、磷、钾、锌、铁等元素，能降低土壤容重，增大土壤孔隙，改善土壤通气状况，利于土壤生物生长发育。缺乏秸秆的果园可覆盖地膜。

3. 增施有机肥

有机肥养分全面，富含有机质、氮、磷、钾和微量元素，对于土壤供肥、保肥、耕性、土壤容重、土壤生物等都十分有利。据研究，丰产果园与其土壤有机质含量高密切相关。增施有机肥，特别是生物有机肥是培肥土壤，克服土壤缺肥、盐渍、理化性状差的有效途径之一。

4. 平衡施肥

针对不良果园土壤存在缺肥、供肥力差、养分不平衡等情况，结合果树的吸肥规律，均衡施用氮、磷、钾和微量元素肥料，可有效培肥土壤、节约肥料，并能提高果品质量。

5. 间作绿肥

绿肥作物产量高、肥效好，不但能增加土壤有机质，改善土壤理化性状，保持水土，而且还可以做饲料，过腹还田。绿肥易栽培、成本低，是一种优质肥源。苕子、草木樨、苜蓿、绿豆等绿肥作物都适合果园间作。

三、果树配方施肥技术

1. 果树需肥特点

果树的生理特性和生长发育规律，决定了其对养分的需要与普通大田作物有显著的不同。果树的养分需求特点主要表现在：①果树根系发达，吸水吸肥能力强，对当季肥料的利用率低。大多数果树的根系深度远超过大田作物。如葡萄根系一般集中在 30~60cm，深的可达 1~2m。而一般大田作物根系分布在土表 20cm 以内。根系发达，分布区域广，增强了果树对深层土壤营养的利用能力，但同时也在一定程度上会降低对当季施用肥料的利用率。因此，在果园进行土壤样品采集时要考虑果树的根系分布状况来决定采样的方法和部位。②果树在不同发育时期和生长季节对养分需要不同。果树栽培经历生长、结果、衰老三个不同阶段。幼树阶段以营养生长为主，主要完成根系和树冠骨架的发育，以氮、磷、钾营养为主。结果期以生殖生长为主，为保证产量和质量，果树对钾的需求量逐步提高，磷和氮可维持钾的半量。盛果期容易出现微量元素的缺乏症，应注意适时补充。衰老期主要是营养生长逐渐减弱，为了延缓其衰退，应结合树体更新增施氮肥，促进营养生长的恢复，以延长经济寿命。果树在不同生长季节对养分需求不同，果树在一个生长周期的发育中，前期以氮为主，中后期以钾为主，磷的吸收在整个生长季比较平稳。前期开花坐果、幼果发育和生长需要大量的氮，到 6 月中旬新梢生长达到高峰，氮的吸收量也达到高峰。此后进入花芽分化和果实膨大期，钾的需要量增加，并在果实迅速膨大期达到高峰。不同时期对于肥料的品种需求也不同，如花期对氮需求量大、幼果膨大期对钾需求量大、花芽分化期对磷的需求量大。③营养在果树体内有累积效应。果树本身的营养状况是其长期生长发育过程中养分积累变化的结果，作物当年吸收到的养分可以储存在树干或其他部位，在以后的生长过程中转化释放，具有一定养分存储性，树干是储存养分的重要部位。因此，果树营养状况的变化是土壤养分和施肥等外界条件长期作用的结果，而大田作物自身的养分累积有限，土壤养分状况在其生长发育中起到决定性作用，这是大田作物和果树营养特点差异之一。④果树对营养元素之间的平衡比一般大田作物敏感。施肥时不仅要求各元素的配比要合理，而且某种元素施用过量还会造成另一种元素的缺乏。如果树使用过多的钾肥会产生缺镁症。另外，对果树施肥的研究显示，各营养元素之间的比值常作为养分是否平衡的评价指标。

2. 主要果树配方施肥技术

（1）桃、李　桃、李较耐瘠薄土壤，氮肥过多易导致枝条徒长，影响产量。基肥在 10～11 月施入，以农家肥为主，可混加少量的化肥。幼树每株施腐熟农家肥 20kg 左右，结果树每亩施腐熟农家肥 1 500kg 左右。幼树追肥薄肥勤施，以氮肥为主，促进树体生长；结果树前期以氮肥为主，后期以磷、钾肥为主。

临安区李果实缺钙症发生严重，天目蜜李发病严重时，病果率在 30% 以上，发病果实表皮病斑近圆形或不规则形，水渍状，浅褐色，深入果肉，表皮病斑面积超过表皮 1/3 果实不能食用。在锦城街道龙浮村天目蜜李示范园进行了叶面补钙防治李果实缺钙症试验。主栽品种为天目蜜李，授粉品种为大石早生，树龄 10 年生，株、行距 4m×4m，树势较健壮，土壤为沙壤土，管理水平较好。试验 6 个处理：高效补钙宝 1 000 倍液；氨基酸钙 800 倍液；喷施宝 10 000 倍液；0.5% 硝酸钙；0.5% 的氯化钙；对照。分别于初花期、幼果期和果实近成熟期均匀喷布 3 次。果实成熟时，每株树干树冠外围随机采集 50 个果，调查果实缺钙症发病情况，并将样品储存于阴凉干燥通风处半个月后再次进行调查，分别计算其发病率。结果表明在李树初花期、幼果期、果实近成熟期连续喷施3次高效补钙宝1 000倍液或氨基酸钙800倍液，能明显减轻李果实缺症的发生，效果最好；喷施喷施宝10 000倍液、0.5%硝酸钙或0.5%氧化钙的效果次之。

（2）葡萄　每生产1000kg果实，葡萄树需要从土壤中吸收N 6～8kg、P_2O_5 3～5kg、K_2O 7～10kg。葡萄需氮量最大时期是从萌芽展叶至开花期前后直至幼果第一膨大期。但是花前如氮肥偏多，易导致枝蔓旺长，叶片肥大，影响坐果，诱发病害；坐果后如氮肥偏多，枝蔓继续旺长，影响果粒膨大，含糖量降低，成熟推迟。葡萄需磷量最大时期是幼果膨大期至浆果着色成熟期。在年周期内磷的吸收量是缓慢增加的，在新梢旺盛生长期及浆果膨大期磷的吸收最多。磷在葡萄植株内是一种可以再利用的元素，新吸收的磷酸盐经常向代谢作用旺盛的嫩梢、幼叶集中，新梢继续生长，又会向新长出的新梢组织运转；蔓、叶上的磷酸盐可运转到浆果、种子中，如此反复循环。葡萄需钾量最大是幼果膨大期至浆果着色成熟期，且在整个生长期内都吸收钾。随着浆果膨大、着色直至成熟，葡萄对钾的吸收量明显增加。因此，在整个果实膨大期应增施钾肥。

葡萄施肥方法如下：基肥在秋季施入，以腐熟农家肥为主，每亩施3 000kg左右。追肥每年3～4次：第1次，对坐果容易的品种在萌芽前后追施氮肥，对落花重的巨峰等品种，不宜使用速效氮肥；第2次，在幼果膨大期追施以氮肥为主、磷肥为辅的复合肥料；第3次，在浆果着色前期，追施磷、钾肥；第4次，在果实采收后追施氮、磷、钾混合肥，也可结合秋施基肥进行。

（3）梨　不同生育期阶段梨树的营养重点不同，幼树阶段以氮肥营养为主，氮、磷、钾比例为5∶3∶2；成年树对钾的需求量较多，氮、磷、钾比例为10∶7∶10；在盛果期时容易出现微量元素的缺乏症，需注意适时补充。梨树施肥应遵循以有机肥为主、有机无机相结合，主要营养元素按比例施用、适当调整微量元素营养，实现平衡施肥的原则。梨树一般于 10～11 月施以腐熟农家肥为主的基肥，每亩 2 000kg 左右。追肥在萌芽开花期、坐果期以氮肥为主，花芽分化前期、果实迅速膨大期以磷、钾肥为主。

（4）杨梅 杨梅需肥特点：前期以氮为主，中后期以钾为主，磷的吸收在整个生长季比较平稳。前期开花坐果、幼果发育和生长需要较多的氮，到 4 月中下旬新梢生长达到高峰，氮的吸收量也达到高峰。进入花芽分化和果实膨大期，钾的需要量增加。结果树一般生产 1 000kg 杨梅需追施纯氮（N）6.96kg、纯磷（P_2O_5）0.67kg、纯钾（K_2O）7.85kg，适当补充钙、硼、锌等微量元素。杨梅的根与固氮菌共生，具有固氮作用，能固定空气中的氮素。为此，杨梅结果树施肥的原则应该是多施有机肥，增施钾肥，适施氮肥，少施磷肥，补施硼、锌、锰、钼肥。因此，树体营养生长好的应少施基肥或不施基肥，一般果园每亩施腐熟农家肥 1 000kg 左右；在杨梅产量少的年份，不宜在新梢萌发期施促梢肥，磷肥应隔 1～2 年施一次，株施 1kg 左右，过量施磷肥易导致固氮菌活性下降。

3. 果树肥料品种的选择

目前使用的有机肥以畜禽排泄物为主，以及作物秸秆、人粪尿、饼肥、草木灰等有机肥源，还有商品有机肥、有机生物肥等。目前大量应用的化肥有尿素、三元复混（合）肥、硫酸钾、氯化钾、碳酸氢铵、过磷酸钙、钙镁磷肥等，微量元素肥料主要有硼砂、硫酸锌、硫酸镁、硫酸亚铁及商品叶面微肥等。

第九节　新造耕地的后续管理

2008—2014 年，临安区通过垦造耕地项目 327 个，新增耕地面积 1 415.6hm²，平均每年新增耕地 202.2hm²。临安区地处山区，受到立地条件的限制，新垦造耕地主要分布于低丘、高丘、山岗和山坞垄间，约有 60％面积的新垦造耕地位处高山，距村庄较远，因此开展垦造耕地后续管理工作任重而道远。2010 年临安区就出台了占补平衡补充耕地后续管理办法《临安区人民政府办公室关于加强占补平衡补充耕地后续管理工作的通知》（临政办函 [2010] 52 号）。根据新垦造耕地后续管理情况（主要指种植作物和土壤培肥改良情况），对耕种承包户实行连续 3 年的财政资金补助政策，2014 年又将奖励年限延伸至 5 年。这一补助政策措施的实施，有效提高了农户承包耕种新垦造耕地的积极性。但由于新垦造耕地普遍存在水源条件差的问题，种植农作物经济效益低，种植多年生作物比例较大，38.4％的项目种植香榧、雷竹、苗木等多年生作物。

一、垦造耕地后续管理存在的主要问题

临安区垦造耕地后续管理总体情况良好，但是由于临安区地处浙西山区，可供垦造耕地资源相当匮乏，立体条件差，垦造耕地后续管理工作还存在一定问题。

1. 水土流失严重，石坎倒塌较多

夏季多暴雨，山区新造地的植被和地貌经常受到暴雨冲击，土壤结构和环境发生异常变化，而且相当部分新造地植被不够茂盛，边坡绿化的苗木不足以护坎，时常因暴雨冲刷导致石坎倒塌、水土严重流失。

2. 抛荒现象普遍，监督管理欠落实

由于山区新增耕地的地理位置、耕作条件相对较差，土壤肥力不足，水土流失严重，耕种投入大、产出少等原因，农民种植积极性不高；有些耕地除立地条件差外，还受面积、交通和种植品种的限制，大户不愿承包经营，只能由小户或村集体农户耕种，即使按要求耕种，也不愿再投入资金改良土壤和维护基础设施，加上镇村的后续监管乏力，几年之后很多偏远地块便处于无人管理的荒芜状态。补充耕地失管返荒，造成土地和财力资源浪费，也使占补平衡

流于形式。

3. 耕地路况较差，道路安全存隐患

临安区在山区垦造了较多耕地，并同时建造了机耕路。也许是从节约投入和保护生态的角度考虑，在项目验收时对机耕路只要求通达，不要求路面硬化，对于道路质量、铺装和养护问题未作具体要求和落实。因此，垦造耕地项目在机耕路建造的资金投入上大幅度压缩，造路往往成了实际意义上的开路。2～3年之后，一条条曲折盘旋在偏远山坡近乎原始的机耕路历经暴雨冲刷已面目全非，路面坑坑洼洼，还散露出许多大块石头，尤其在坡度较大、地势险要地段道路损坏更加严重，即使在有些已规模化经营并建立农业产业开发基地的新垦耕地，其路况依然较差，道路安全隐患普遍存在，影响了农业产业发展和占补平衡工作成效。

二、加强垦造耕地后续管理的建议

根据临安区垦造耕地后续管理现状和存在问题，提出以下建议。

1. 建立和健全相关后续管理补偿制度

鼓励相关产业积极投入资金，以提高垦造耕地的肥力。很多项目点的承包户，重建造轻管护，由于后续基础设施维护、地力提高成本较高，奖励额度较小，地理条件差的区块前几年根本没有经济效益，只有投入没有产出，需提供更多的政策扶持和帮助，以提高耕种积极性。

2. 落实改良与培肥措施，提高耕地土壤肥力

必须做到依法"要求占用耕地的单位将所占用耕地耕作层的土壤用于新开垦耕地、劣质地或者其他耕地的土壤改良"，做好表土剥离再利用工作，缩短表土熟化时间，提高耕地质量。此外加强土壤改造与培肥技术指导，逐步推广垦后培肥养护技术，落实增施有机肥、套种绿肥等培肥措施。在加强项目常规管理的基础上，将后期种植等管护措施前置，在项目规划设计时就将土壤肥力培育的一

些资金需求列入工程预算或者设置合理的奖惩措施激励村民的种植积极性，使开发垦造项目真正发挥效益。

3. 注重水土保持工作，增强生态管护效应

开发垦造耕地，要注重保护生态和改善生态环境。在山坡地垦造过程中必须采取工程和生物措施，用石方驳坎、边坡绿化护坎等方式固土护坡，防止水土流失，做到经济、社会、生态效益有机结合。要提倡生物固土护坡，既降低成本又保护生态，营造立体绿化景观。除采用草本植物外，还可引选耐瘠薄、耐干旱、适应性强的灌木类经济作物来护坡，提高补充耕地的经济和生态效益。

4. 引申经营耕种新途径，挖掘管护主体新群体

积极探索、引申新增耕地经营耕种新途径。鼓励引入市场机制，可依法通过承包、租赁、拍卖、业主负责制等多种市场方式落实新增耕地后期经营耕种。新型职业农民是新增耕地后期管护的新群体。为提高新增耕地复垦整理质量，借助土地流转平台，积极对接种粮承包大户，充分挖掘后期管护承包新群体。借助他们的先进管理水平和专业技术，提升后期管护质量，落实后期管护责任。

5. 严格按照路渠配套规定投入和实施，完善基础设施建设

不管新垦耕地规模大小、等级高低，其路、渠、坎配套设施工程建设都必须严格按照浙江省国土资源厅有关补充耕地的投入标准规定实施，使项目区的田块布置、路渠配套等尽量符合实际情况和项目要求，不仅做到道路通达，而且要安全、可持续通达。路面铺设尽可能选用耐冲刷材料或方法，急转弯处增设护栏和警示牌，提高道路建设质量，消除道路安全隐患。

第十节　设施土壤管理

设施种植是一种受人为因素作用的土地利用方式，复种指数高，施肥、灌溉、耕作的频率都超过一般农田，特别是得不到自然降水淋洗的人工保护条件，使土壤理化性状发生了很大改变，逐步

形成了具有高度熟化有别于一般农田的"人为土壤"。土壤连作障碍是设施蔬菜栽培中的一个关键问题。近年来，设施蔬菜等设施栽培在临安区也快速增长，设施栽培中的土壤障碍因子已严重影响蔬菜产量和品质，解决这一问题需要从土壤管理、施肥、灌溉、耕作等多方面采取措施。

一、设施农业中的土壤障碍问题

临安区设施农业土壤已出现了与露地栽培不同的土壤障碍，如土壤盐渍化、土壤酸化、土壤板结、土壤养分不平衡及土传病害加剧等。往往设施农业作物连作 5 年以上就发生土壤障碍问题，主要表现如下。

1. 土壤酸化

与露地栽培土壤相比较，不管是季节性覆盖还是全年覆盖的温室和大棚，随着设施栽培种植年限的增加，土壤 pH 存在下降趋势，导致土壤酸化，同时，土壤的缓冲性能也会降低。据测定，普通塑料大棚在常规管理条件下，连续栽培 5 年后 pH 下降 1.7。设施农业土壤酸化很大可能是由于氮肥或生理酸性化肥的过多施用造成的。pH 过低会抑制作物生长，使病虫害增多。

2. 土壤次生盐渍化

大棚菜地是一个封闭或半封闭系统，棚内温度高，最高可达 50℃以上，加速土表水分蒸发，致使地下水和土层内的水分通过土壤毛细管不断上升，盐分随水被带至表土层，加之大棚长年覆盖，得不到雨水淋洗压盐，造成盐分在土壤表层积聚。大棚菜地施肥量比露地高，一般为露地施肥量的 3～5 倍。据调查，个别菜农一季大棚黄瓜亩施用尿素高达 80～100kg，折纯氮 34.4～46kg，导致大棚土壤硝酸盐积累，硝酸盐约占阴离子总量的 67%～76%。设施栽培土壤含盐量随着设施栽培种植年限的增加而增加，从而导致土壤某些化学性质变劣，设施农作物产品品质和产量下降。季节性揭棚的塑料大棚和日光温室，由于土壤受到雨水淋洗，积盐程度比不揭棚的轻。

3. 土壤物理性质退化

设施栽培管理精细，土壤结构破坏严重；作物复种指数高，化学肥料用量大，导致土壤有机质含量下降，引起土壤板结；频繁灌水引起土壤团粒结构被破坏，水分下渗困难，通透性差，抗逆性降低。

4. 微量元素缺乏

在设施土壤连作情况下，连续大量施用性质相同或相似的肥料，由于特定作物对肥料的选择性吸收，使一些养分急剧减少，而另一些养分日益积聚，造成土壤养分不均衡，特别是微量元素缺乏引起生理障碍。同时，设施连作的盐类障碍也会增加铁、铝、锰的可溶性，降低钙、镁、钾、钼的可溶性，离子的拮抗作用等也可诱发作物发生营养元素缺乏或过剩，造成生理障碍。

5. 土传病害，土壤病虫累积

根系分泌物的积聚，使其通过改变根际 pH 和氧化还原条件或通过螯合作用和还原作用来增加某些养分元素的溶解度和移动性，进而促进植物对这些养分的吸收和利用。根系分泌物能供给根际微生物大量的能源物质，使根际微生物的数量和活性远远高于根际外的原土体。如果进行同一蔬菜作物的连作，就会因根系长期分泌同一物质而影响土壤中微生物的种类和数量，破坏土壤微生物相互间平衡，使土壤传染性病害和虫害增加。随着连作次数增多，大棚土壤微生物区系由低肥的"细菌型"向高肥的"真菌型"发展，病源菌增多，寄生型长蠕孢菌大量滋生，作物病虫害加重。同时也影响了对土壤养分的有效利用，常常造成根系腐烂，甚至会整株枯死。

二、土壤连作障碍治理措施

1. 合理的轮作、间作

合理轮作和间、混、套作制度是解决连作障碍的最为简单的方法，例如，按黄瓜→番茄→菜豆→菜花、芹菜→羊角葱、叶菜类等的顺序种植，既能吸收土壤中不同的养分，又可通过换茬减轻土壤传播病害的发生，提高产量和经济效益，有效防止连作障碍。连作同一作物或同类作物会使特定的病原菌繁殖，而轮作之后可以断绝病原菌的营养源，减轻病害的发生。其次，可改变栽培时期种植。例如在栽培上要错过高温期易发生的病害，或在高温前采取预防措施，可减轻连作障碍的发生。但在很多情况下，为了提高经济效益，又不得不进行某些蔬菜的连作。所以，还必须采取其他措施来防止或减轻连作障碍的发生。水旱轮作不仅可以防止连作障碍，还可增强地力、减少杂草和病虫害等。此类设施土壤缺乏排水洗盐条件。

2. 深翻晒垡、防治土壤次生盐渍化

采用深耕晒垡对治理季节性大棚连作障碍有较好效果，即每隔2～3年在夏季高温季节深翻30～40cm，揭开覆膜，高温晒垡，增加有效活土层，扩散盐类，增强土壤透气、保水、保肥能力，还可杀死部分病菌和虫卵，减轻生理病害和土传病害。防治土壤次生盐渍化的一些措施：设施栽培灌水时不宜小水勤浇，而应每次灌透，将表土聚积的盐分淋洗至深层。采取膜下滴灌等节水灌溉技术，可防止土壤次生盐渍化。控制氮肥的施用量，改善施肥方法。利用夏秋季换茬空隙，揭膜、深翻、雨水洗盐。可以施用 C/N 比较大的半腐熟有机肥或秸秆，进一步腐熟时土壤微生物将会对土壤溶液中的氮素加以固定，从而降低土壤溶液的盐分浓度与渗透压，缓解盐渍化。

3. 科学合理施肥

采取测土施肥、配方施肥、平衡施肥的新方法，根据土壤供肥能力、作物目标需肥量计算氮、磷、钾甚至微肥的施用量，严格控制化肥的用量尤其要减少氮素化肥的用量，注意微量元素肥料的使用，推广氮、磷、钾复合肥和有机、无机复合肥。或者根据当地土壤情况，针对具体作物品种，设计专用复合肥，可有效解决过量施肥和施肥比例不协调而造成的连作障碍问题。

在设施栽培中，合理科学施用无机化肥和有机肥料，可以改善土壤理化性质，减轻连作障碍和病虫害的发生，提高蔬菜产量和改善品质。合理施肥应注意：一是选择合适的肥料，必须根据肥料的性质和栽种果菜的营养特性，因地制宜、合理使用。应根据蔬菜的肥料需求特点，兼顾各营养元素之间的最佳配置。如蔬菜需氮量大同时又是喜硝态氮作物，对钙和钾的需求量相对也较大，对硼和钼较敏感，这些养分需求特点都是蔬菜合理施肥的一些重要依据。二是应注意确定适宜的肥料施用量。设施栽培的蔬菜作物产量高，所需要的养分较多。应根据设施土壤养分状况及需肥规律，确定合理的肥料施用量。

目前设施栽培中的肥料施用量较大，尤其是氮肥的过量施用既造成了肥料的浪费、病虫害的扩散及产品的品质降低，又导致土壤盐渍化及环境污染。硝态氮是蔬菜吸收的主要氮素形态，并且在蔬菜体内容易富集，人们通过食用蔬菜摄入过量的硝酸盐，在人体中积累会产生健康问题。因此，硝态氮含量也是蔬菜的主要品质指标之一，控制蔬菜中硝酸盐含量，是设施栽培无公害蔬菜及减少危害的重要内容。

4. 土壤调理剂

一些非金属矿物质（天然沸石、膨润土等）是天然的土壤改良剂，又是均衡土壤养分的缓冲剂，可改善土壤结构，提高土壤养分有效性，净化农业生产环境。应用以天然沸石、营养元素和营养协调物质为主要材料的蔬菜保护地土壤调理剂，可改善土壤理化性状、提高作物抗病能力。

5. 生物防治技术

生物防治是利用一些有益微生物，对土壤中的特定病原菌的寄主产生有害物质，通过竞争营养和空间等途径来减少病原菌的数量，从而减少病害发生。如选用抗性品种与使用生物制剂：国内外已选育出很多对一些病虫害（如根结线虫、黑腐病等）具有抗性的蔬菜品种供选择引用。

连作引起的土壤有害微生物和病虫害增多,还可采用土壤消毒(灭菌)方法消除或减轻危害。具体方法:①高温法。高温季节,灌水后高温闷棚,也可采取给土壤通热蒸汽杀虫灭菌治疗土壤根结线虫、菌核病、软腐病、红蜘蛛及多种杂草的危害。②药剂法。可用拌土、药液喷浇、穴施等处理土壤。③日光法。夏季闲茬时期,撤掉棚膜并深翻土壤,利用紫外线高温消毒、杀菌。④残茬处理。清除初染病株和残茬,防止残茬带菌及初染病株的扩散,可采用焚烧或高温堆积消灭病菌。

农地土壤的污染防治

　　耕地是最宝贵的农业资源，耕地污染可直接威胁农产品安全、人体健康和社会稳定。过去 30 多年间，随着城市、工业、农业等生活与生产活动向环境中释放的污染物的增加，临安区耕地土壤污染程度显现增加的趋势。为切实加大土壤污染防治力度，逐步改善土壤环境质量，近年来临安区开展了农业面源污染防治和土壤重金属污染治理的试验研究与示范，获得了初步的进展。

第一节　农地土壤的污染问题

一、农村废弃物污染状况

　　临安区农业废弃物污染来源主要有三大类：第一类是山核桃蒲壳、笋壳等农产品加工废弃物；第二类是农作物秸秆和畜禽养殖业粪尿等；第三类是农业投入品，如肥料、农膜和农药包装物等。据不完全统计，临安区每年产生的山核桃蒲壳约 8 万 t，目前山核桃蒲壳就地还山约占 30%，10% 作农家肥，20% 被加工利用，接近 40% 被废弃了。临安区年产鲜笋 25 万 t 左右，按照笋肉与笋壳比例约为 5.5：4.5 估计，年产笋壳近 20 万 t。山核桃蒲壳、笋壳等农产品加工废弃物没有得到很好利用，造成资源浪费，而且污染环境。

　　全区农作物秸秆产生总量为 21 万 t 左右，利用率 90%。近年来通过加大了宣传力度，临安区在国道沿线杜绝了秸秆焚烧，加上秸秆利用技术的推广使用，大量外地秸秆进入临安区并得到充分利用，临安区农作物秸秆实际利用率较高，但竹园、农田的秸秆施用量并不高。全区畜禽粪尿产生总量约75万t，畜禽污水产生总量约75万t。畜禽养殖污水量大，基本直排，经沼气池等净化处理的养殖场所只有2～3家。

全区农用化肥施用总量为62 806t，其中氮肥25 446t、磷肥5 347t、钾肥6 663t，复合肥25 350t，施用化肥农地面积占全区农地面积48 269hm^{2}的90%。农药施用总量为1 063t，施用农药农地面积39 000hm^2。全区农膜使用总量为1 301t，其中地膜124t，使用农膜耕地面积1 000多hm^2。临安区农膜使用总量并不大，但使用可降解农膜量很少，产生的污染主要是生活包装塑料物，"白色污染"较为严重。

二、耕地土壤重金属污染

随着城市和工业的迅速发展及农业产业结构调整，我国土壤环境污染问题正呈日益加重的趋势。当土壤中含有害物质过多，超过土壤的自净能力，就会引起土壤的组成、结构和功能发生变化，微生物活动受到抑制，有害物质或其分解产物在土壤中逐渐积累，通过食物链或通过"土壤—水—人体"间接被人体吸收，达到危害人体健康的程度，即土壤污染。土壤环境污染已成为影响我国农产品安全和质量以及生态系统健康的重要因素。

根据2015年杭州市耕地样点的初步调查，临安区部分农田存在镉、汞和砷的污染，并以镉的轻度污染为主，部分农田存在镉—汞、镉—砷的复合污染。2002年对临安区高虹、三口、藻溪、千洪、锦城等乡镇（街道）雷竹园土壤监测表明，虽然土壤重金属Cd、Cr、Cu、Pb和Zn全量含量分别为0.23mg/kg±0.11mg/kg、68.23mg/kg±25.61mg/kg、23.26mg/kg±6.61mg/kg、12.47mg/kg±2.86mg/kg、108.50mg/kg±54.92 mg/kg，雷竹林土壤重金属含量尚未出现超标现象，但雷竹林土壤各重金属有效态占全量的百分率较高，尤其是Cd、Cu、Pb、Zn 4种元素，它们有效态占全量百分率均高于我国一般粮田土壤和菜园土壤，说明存在一定的潜在风险。调查也表明，随着栽培历史延长 Cu、Pb、Zn 含量呈现上升。

第二节　农地面源污染物流失控制

一、农业面源污染治理

1. 化肥农药用量控制技术

（1）控制化肥的用量和用法　控制化肥使用量和提高其利用率是减少养分流失，降低非点源污染负荷最有效的途径。当化肥使用量达到最佳使用量时，农作物对化肥的吸收达到最高，其产量也最高；当使用量超过作物吸收能力时，将导致过量养分在土壤中富集、流失，形成非点源污染。按照限氮公式和试验结果，根据农田氮肥的适宜用量标准，降低氮肥用量，以节约氮肥和减少氮素的流失，降低农业非点源氮素污染负荷量。

（2）调整肥料施用结构　采用合理的氮∶磷∶钾、有机肥与无机肥配合施用比例、挥发性氮肥与非挥发性氮肥的比例。具体的技术措施：因土因作物施肥，特别是氮肥的适宜用量；优化氮、磷、钾肥和有机肥之间的比例，适当增加钾肥和有机肥的比重；实行氮肥深施，防止其挥发损失；选用化肥新品种，如合适的复合肥、长效肥和配方肥。

（3）使用抑制剂抑制硝化作用　水稻对氮肥的利用率平均只有 33%～38%，主要是施入稻田的氮肥大量损失的结果。使用硝化抑制剂可以控制硝化作用的进行，提高氮肥利用率。

通过农业防治、生物防治、合理用药、保护天敌等综合性防治措施减轻病虫害的危害，减少农药使用量，从而减轻农药对水环境的污染负荷。

2. 农艺技术控制养分流失

采取合理密植、间作、套作和轮作等作物种植体系的科学布局，提高复种指数，减少土地全年和单位面积裸露率，有效控制土壤养分流失强度。采取保护性耕作（如少、免耕）改善土壤的入渗性能、土壤物理结构和土壤生产潜力，减少农田土壤及养分流失。

针对目前农户已基本弃用传统有机肥料而改用化肥的实际情况，大量施用化肥导致养分流失和淋溶，肥料和养分随水土流入河道和地下水中，形成非点源污染。因此，增加农田有机肥源等培肥措施可减弱养分流失，提高水体环境质量。主要技术途径：采用沤、堆、牲畜过腹等多种形式的秸秆还田技术；畜禽废弃物集中处理还田技术；吸喷河泥还田技术，结合疏浚河道，开发利用丰富的河泥资源，弥补农田土肥流失所造成的损失等。

3. 农田生态工程措施

（1）建立植被缓冲带　利用不同植被对土壤养分吸收能力的互补性和对农业非点源污染的截留、过滤能力，在农田与水体之间建立合理的林带或草地过滤带将农田与水体隔开，减少农田地表和地下径流带来的非点源污染物。如农田防护林带，它不仅可以固岸护坡滞缓地表径流，同时可大量吸收地表和地下径流中氮、磷等营养元素，减少农田流失及由此而产生的水质污染。

（2）湿地生态工程　在农田生态系统增加一些湿地面积，消减农业非点源的污染负荷。利用农村的废洼地、坑塘建立人工湿地系统，特别适用于村镇生活污水、畜禽废弃物以及农田非点源污染物的净化。建立人工湿地，利用自然生态系统中的物理、化学和生物作用来净化污水。

4. 加强农膜地膜回收

根据农户地膜用量调查，平均每亩地膜用量为 0.23kg。按此推算，全区农业共用地膜量大约为 72.14t。针对农膜地膜，要求种植户做好回收工作，不得随意丢弃在农田中。目前，在主要农产品基地地膜回收率已达 85％以上。

5. 实施"肥药双控"项目

针对农业投入品化肥与农药的使用，通过实施"肥药双控"项目，减少化肥农药用量。目前全区 17 个乡镇（街道）已推广实施

"肥药双控"建设项目，推广应用面积达 6 699.9hm²，建立"肥药双控"示范方 17 个。示范区农户每公顷节省化学氮肥（折纯）44.85 kg，每公顷节省农药 1 kg。2011 年"肥药双控"项目实施共减少氮肥（折纯）216.7t，减少农药用量（折纯）5.15t。

二、山核桃蒲壳循环利用

临安区山核桃蒲壳循环利用途径主要是制成食用菌栽培原料、加工花肥、生物炭、土壤改良材料等。临安区的多家花卉公司以山核桃蒲壳为基本原料，经过低营养快速发酵、处理、分级，制成兰花等高档盆花栽培基质花卉肥料。山核桃蒲壳加工的花肥，可作为园林覆盖物，用于公路两边的树丛、公园绿地、花坛边缘与稀植苗木间、道路和庭院花坛造型色块的搭配以及花圃和绿篱的道路铺装等。山核桃蒲壳花肥能改善土壤结构和肥力，保持土壤湿度和通透性，减少土传病害的传播。利用山核桃蒲壳制造生物炭肥料，制成的肥料在山核桃、雷竹、茶叶、蔬菜、水稻等作物试验表明，同传统肥料相比，可提高作物产量 5%～36%。如 2010—2011 年藻溪镇桂芳桥村的雷竹林施肥试验表明，使用该有机肥的增产幅度达 36%。

山核桃蒲壳通过生物处理转化为农业上可再利用的生物防病治虫物质改良竹园土壤。由于山核桃蒲壳含有酚、鞣质、有机酚、生物碱、氨基酸、肽、蛋白质等化合物，将它粉碎后堆积发酵，通过微生物活动减弱山核桃蒲壳中的强碱性物质，然后撒播到竹园里，使山核桃蒲壳的碱性物质中和酸化的土壤，利用山核桃蒲壳内含有的酚类化合物、鞣质、生物碱来防病和治理地下害虫，利用山核桃蒲壳中的木质素、纤维素增加土壤中的有机物含量。

三、笋壳循环利用

加工竹笋后剩下的大量鲜嫩笋壳，是临安区尚未开发的重要资源，目前普遍采用的是地下深埋或就近废弃在河滩、沟边，不仅造成境污染，也是一种资源的浪费。笋壳处理已成为困扰临安笋产业进一步发展壮大的"瓶颈"。目前，笋壳的循环利用主要有作动物饲料、生产有机肥、栽培食用菌等途径。笋壳废弃物是解决食草动物肉羊圈养的饲料资源。根据测定，利用微生物发酵青贮后的笋壳含粗蛋白16.20%，比稻草高出3倍，粗纤维提高10%左右，氨基酸含量比常用饲料高出20%。笋壳营养成分十分适合食草动物，是一种牛、羊、兔等食草牲畜喜食的理想饲料。近年来，临安区摸索出了一条笋壳青贮的办法：由于笋壳含水量高，先压榨出笋壳中的多余水分，然后将笋壳粉碎后放进发酵池中密封发酵，经乳酸菌的发酵后，笋壳进入休眠期，等到冬季饲料缺少时，打开发酵池，捞出储存的笋壳，粉碎后作为羊饲料。近期，临安区农技部门将以笋壳青贮技术为支撑，构建一个生态循环农业的新模式，即竹笋种植—笋制品加工—笋壳青贮—笋壳养羊—肉羊加工—羊粪还田（林）的笋壳废弃物资源循环利用模式。

以笋壳为原材料，通过混合堆肥发酵生产有机肥，实现废弃笋壳资源化利用，不产生二次污染，同时为农业生产提供安全无公害肥料。笋壳生产有机肥工艺，包括将笋壳切割粉碎，螺旋式挤压脱水，加入已经发酵的反刍动物粪料，混合均匀后，进入槽式发酵槽中进行堆肥发酵；待物料温度升高到60～70℃时，用翻堆设备进行翻堆供氧和进一步脱水；在高温期，每天翻堆至少1次，并将挤压粉碎出的汁液调酸后均匀回加于堆料中；发酵结束后，根据用途不同可以直接包装或粉碎后包装成有机肥料产品，也可以挤压造粒后得到有机肥料产品。

第三节　农地土壤重金属污染的预防

保障粮食安全是一个复杂的系统工程。针对中轻度重金属污染农田特点，需要坚持预防为主、保护优先，管控为主、修复为辅，示范引导、因地制宜等原则，以发展实地检测监控技术为手段，以加强阻控修复技术支持为依托，形成由法律法规、标准体系、管理体制、公众参与、科学研究和宣传教育组成的农田土壤污染防治管理体系。此外，还需尽快从制度约束、行政推动及政策扶持等方面考虑，构建土壤污染调查、风险评估、安全利用与修复等可操作的标准、规范和技术体系，保障农产品"从农田到餐桌"的全程质量安全。为此，临安区重点做了以下几方面工作。

一、建立土壤质量监测体系

加强宣传、监督和管理工作，加大对重金属污染的监督和管理力度，同时加强宣传工作，从思想上重视、了解重金属对人类及环境造成的危害，提高公众环保意识，以此来促进环保工作的深入开展。建立全程土壤污染的监测体系，包括土壤污染受害标准、土壤质量检测、土壤污染治理与修复、污染应急处理等多项内容。开展土壤污染地情地力普查，制定耕地土壤污染标准；提前开展土壤污染风险的评价体系，建立污染电子实时档案。完善耕地污染质量监测，超过风险警戒线，强令退出农作物种植，积极开展治理修复过程。多部门联合制定本地区土壤污染事故处置预案，重点将地理信息监测系统应用于土壤污染事故的预警及信息处理中，以有效提升应急效率。通过粮食主产区土壤及农产品的协同监测，建立农田土壤和粮食作物重金属监测大数据平台，可以为污染土壤的分区分类管控、安全利用及修复提供科学依据。

二、加强土壤污染预防

土壤重金属污染的预防首先要从源头控制，如灌溉农田水一定要符合农田灌溉水质标准；对粪便、垃圾进行无害化处理；合理使用化肥和农药，严禁使用国家明令禁止的含汞农药、含镉化肥等。一是减少工业"三废"排放。加快工业转型升级，设定化工行业准入标准，加快技术研发，推广先进生产工艺，减少"三废"排放。升级改造企业工艺流程，推广闭路循环，减少重金属污染的对外排放。二是合理使用农资。完善包村联户的农技推广机制，大力发展新型农业经营主体，推广规模经营，开展农技人员在关键时节、重点区域进行农药肥料的使用培训、指导，推广高效、低毒、低残留农药，并指导种植户合理定量使用。三是加大宣教力度。农业部门要利用"三下乡"、秸秆禁烧等契机，充分利用新闻媒体、广播、条幅等形式，宣传重金属对土壤污染的危害，开展土壤保护的相关科学知识和法规政策，在广大群众中营造保护土壤的舆论氛围。

三、严格执行土壤污染防治相关法律

目前，我国土壤污染防治的法律逐渐完善，明确了主体责任，建立了"谁污染、谁负责、谁治理"的责任防治体系。从政府层面划定土壤重金属污染防治区，控制扩散；同时，多方争取土壤污染整治资金投入，开展试验研究。

四、加强投入品的检测

农田土壤中重金属元素来源有自然和人为输入两种主要途径。其中成土母质和成土过程是影响土壤重金属含量的主要自然因素。人为因素输入主要有工业排放、交通、农业生产和人类活动等来源。而且农田土壤与城郊土壤不同，其重金属污染主要与施入化肥农药、畜禽废弃物等密切相关。近年来，临安区加强了农业投入品的检测，控制污染源，保障农产品安全。

第四节　重金属污染农地的治理与安全利用

一、重金属污染农田土壤修复技术

在切断污染源的基础上对重金属污染农田土壤进行修复，目前可分为两种思路：一种思路是通过各种修复技术，将重金属污染物从土壤中移除（活化）；另一种是使重金属尽可能固定在土壤中，而不是进入作物，特别是食用和饲用作物的可利用部分（钝化）。

现有的重金属污染农田土壤修复基本技术都是基于这两种思路进行研发，可分为物理技术、化学技术和生物技术 3 个大类。常见的物理技术包括深耕法、排土法、客土法、电动修复法和热处理法等；化学技术主要有施用改良剂或抑制剂法、化学淋洗法等；生物技术主要包括植物修复技术、动物修复技术和微生物修复技术。

1. 土壤钝化剂应用

钝化阻隔技术是指向重金属污染土壤中添加一种或多种钝化材料，包括无机、有机、微生物、复合等钝化剂，通过改变土壤中重金属的形态和降低重金属活性，从而减少粮食作物对重金属的吸收，以达到污染土壤安全利用的目的。常用的无机钝化剂主要包括含磷材料、钙硅材料、黏土矿物及金属氧化物等，这类钝化剂在重金属污染土壤中的应用最为广泛，主要通过吸附、固定等反应降低重金属的有效性。①石灰性材料。大量研究表明重金属在土壤中的生物有效性与土壤 pH 呈负相关关系，提高土壤 pH 可以钝化土壤重金属。石灰的主要成分为 $CaCO_3$，能够显著提高土壤 pH，常被用来改善酸化土壤。多种含有石灰的材料，如煅烧的贝壳、钢炉渣、磷灰石、海泡石等已被用来进行土壤重金属钝化修复。但土壤 pH 升高也会导致营养元素的有效性和土壤酶活性的降低，降低农作物生物量。②磷酸盐材料。磷酸盐能够与重金属形成稳定的磷酸盐沉淀，降低重金属在土壤中的迁移性。磷酸盐能够将土壤中的 Pb、Zn、Cd 由可交换态、有机结合态转化为磷氯铅矿等残渣态，进而降低油菜中这些重金属的含量。③有机废弃物。农业有机废物如畜禽粪便、农作物秸秆等常常作为有机肥为植物提供营养元素。研究表明，向土壤中施加粪肥、作物秸秆等能够降低重金属的生物有效性，减少植物对重金属的吸收。其原因如下：首先，施加粪肥、秸秆等能使土壤有机质含量增加，这些有机物通过络合作用吸附重金属，降低重金属的生物有效性；其次，施加有机废弃物能够提高土壤 pH，进而降低重金属的生物有效性；此外，施加有机废弃物能够提高土壤有效磷的含量，而磷能够有效钝化土壤重金属。

④生物炭。生物炭具有非常高的比表面积，可高达 65.85 m²/g 且带有负电荷，有利于其吸附重金属离子。此外，生物炭表面含有大量的—OH、—COOH 等官能团，可与重金属形成稳定的络合物。生物炭多呈碱性，施用生物炭能够提高土壤 pH，强化对重金属离子的钝化。⑤黏土矿物。膨润土、蒙脱石、伊利石、高岭石等黏土矿物具有较高的阳离子交换量，能够通过离子交换作用将土壤重金属离子吸附于其表面上，进而降低重金属的迁移性。重金属还能与矿物晶体通过共价键形成专性吸附，很难再从黏土矿物上解吸下来。在 Pb、Cd 污染土壤中施入膨润土后，土壤中 Pb、Cd 主要由可交换态转化为了残渣态，且水稻体内的 Pb、Cd 浓度显著降低。⑥多硫化物。多硫化物法是指利用 S_x^{2-} 离子作为试剂，在碱性溶液中进行重金属浸出的方法。S_x^{2-} 离子中的 x 可以从 2 到 6，水溶液中，只有 S_4^{2-} 和 S_5^{2-} 是稳定的，多硫离子如同过氧离子（O_2^{2-}）一样具有氧化性。例如，S_4^{2-} 作氧化剂时，可获得 6 个电子而成为 S_2。多硫螯合离子对重金属离子有很强的络合能力，在合适氧化剂的配合下，或者借助于多硫离子自身的歧化，多硫化合物能有效地溶解重金属。多硫化物一般有多硫化钠、多硫化钙、多硫化铵等。但多硫化物法的主要缺陷是自身的热稳定性差，分解产生硫化氢，恶化生产环境，如多硫化铵为试剂，还会分解产生氨气。

2. 微生物调控

微生物能够改变土壤中重金属的赋存形态，影响其生物有效性，也能调节植物的养分供应，促进植物的生长发育。由于经济性与环境友好性，微生物越来越多地被应用于土壤重金属污染的钝化修复中。当前，多种具有重金属抗性或积累能力的微生物已经被筛选出来，这些微生物能显著降低小麦、水稻、白菜、萝卜等农作物中 Cd、Pb、Cu、As、Cr 等重金属的含量。微生物抑制植物吸收重金属的机制已经有大量研究，主要包括降低土壤重金属的有效性与影响植物吸收两个方面：①降低土壤重金属生物有效性。微生物可以通过分泌胞外聚合物来钝化重金属。胞外聚合物（EPS）富含羟基、羧基、氨基等官能团，可通过静电吸附、络合等作用与重金属键合并钝化重金属。微生物也可以通过影响土壤中有机质的转化来钝化重金属。②部分微生物对重金属具有很强的积累能力，可以将土壤中的重金属大量吸收到体内，进而减少可被植物吸收的重金属含量。③微生物可以影响植物体内抗氧化酶含量进而减轻重金属对作物的毒害作用。④微生物可以增强植物对营养元素的吸收，提高植物的生物量，对体内的重金属起到稀释作用，进而降低植物体内的重金属含量。

3. 物理修复

主要包括客土、换土和深耕翻土等措施。通过客土、换土和深耕翻土与污土混合，可以降低土壤中重金属的含量，减少重金属对土壤—植物系统产生的毒害，从而使农产品达到食品卫生标准。深耕翻土用于轻度污染的土壤，而客土和换土则是用于重污染区的常见方法。工程措施是比较经典的土壤重金属污染治理措施，它具有彻底、稳定的优点，但实施工程量大、投资费用高，破坏土体结构，引起土壤肥力下降，并且还要对换出的污土进行堆放或处理。

二、重金属污染农田安全利用技术

在运用重金属污染修复技术修复被重金属污染的土壤时，也需要结合对重金属污染特别是污染程度较轻的农田进行安全利用，安全利用的方式包括低富集品种筛选与应用、调整种植结构和农艺措施调控等。

1. 低富集品种筛选与应用

基于同一种作物的不同品种对重金属的吸收和富集程度的差异，按照国内外相关标准允许限量或推荐限量，筛选重金属低富集品种，减少农田土壤重金属向食物链中迁移富集，是轻微、轻度重金属污染农田安全生产的有效途径。低吸收品种除了保障对重金属的低吸收外，还应该具有如下特征：①当地适应性。由于农田土壤的类型、理化性质、污染程度、气候等存在差异，同一作物品种在不同地区之间可能存在重金属吸收能力的差异。因此，当在某地区种植低吸收作物时，需要对已知的低吸收品种进行重新验证或重新筛选适合当地的低吸收品种。②多金属抗性，即同时少吸收多种重金属，以适应重金属复合污染土壤的治理。③产量不受太大影响，即必须要保障农产品高产。

2. 种植结构调整

从农产品安全角度，将农田土壤划分为禁产、限产和宜产区域，可为重金属超标农田土壤的安全生产提供保障。对于重度污染农田土壤，禁止从事粮食作物生产，并制定相应的污染土壤修复计划与实施方案；对于中轻度污染农田土壤，合理布局粮食作物，避免粮食可食部分重金属超标，实现污染农田的安全利用；对于清洁农田土壤，加强监控，维持其正常粮食生产功能。

在重金属低富集品种的筛选与应用的基础上，用其他作物替代食用或饲用作物，或用重金属低富集食用或饲用作物种替代较高富集作物种，是重金属污染农田实现安全生产的另一途径。如在 Cd 污染的土壤上，用 Cd 低富集作物种类如番茄、西葫芦、甘蓝等来替代易积累 Cd 的作物种类，如白菜、菠菜、大豆、莴笋等。特别是在重金属中度—重度的农田，短时间内实现食用或饲用作物安全生产的难度极大。因此，这类农田在应用重金属农田土壤修复技术进行初步修复后往往需要调整种植结构，种植其他作物。

3. 农艺措施调控

农艺措施能改变土壤的通气、水分、养分等条件，除了能够提高农作物产量、增加收益、防治病虫害、改善土壤外，还能影响土壤中重金属的生物有效性和植物对重金属的抗性。因此，农艺措施也是污染农田土壤安全利用的一种重要调控措施。当前，人们主要通过施肥、水分管理、间套作等农艺措施来控制农作物对重金属的吸收。具体包括以下 3 个方面：①间作、套作和轮作技术。根据当地气候、土壤等环境条件和农作物种植习惯，选择适宜植物品种进行间作、套作或轮作也能降低农田土壤的重金属含量。间作、套作和轮作的基本思路是将重金属高富集植物和低富集作物种植在一起或者将重金属高富集植物先于重金属低富集作物种植，通过重金属高富集植物吸收富集土壤中的重金属来保护低富集植物。②施肥技术。肥料能够为农作物提供必需的营养，增强作物对重金属的抗性，提高生物量，对体内的重金属起到稀释作用。此外，肥料中的P能够与As、Cr等重金属竞争植物根系表面吸附位点，故施加磷肥能够抑制作物对重金属的吸收。肥料还能通过改变土壤pH及络合、沉淀等作用降低重金属的迁移性与生物有效性，进而减弱植物对重金属的吸收。合理施用重金属含量符合标准的化肥，改变化肥施用的种类、比例和方法。另外，适度施用特定种类的化肥与土壤污染修复技术相结合，还可以增强修复效果。此外，叶面施肥可对农作物吸收转运重金属产生影响，叶面喷施锌肥能够降低白菜、油菜、黄瓜、小麦体内的Cd含量，叶面喷施硅肥能够减少水稻地上部和籽粒中Pb的含量，抑制Pb由地下部向地上部的转运。③水分管理。氧化还原条件会影响重金属在土壤中的价态和赋存形态，而这决定了重金属的毒性与迁移性，故通过水分条件管理控制土壤的氧化还原条件对土壤重金属污染修复具有重要意义。与常规水分处理相比，淹水条件下稻米Cd含量明显下降。

参 考 文 献

曹丹，张倩，肖峻，等，2009. 江苏省典型茶园土壤酸化速率定位研究［J］. 茶叶科学，29（6）：443-448.

陈丁红，胡国成，2011. 临安市稻田耕作层变浅的原因与治理措施. 湖南农业科学（3）：61-62.

方伟，何均潮，卢学可，等，1994. 雷竹早产高效栽培技术. 浙江林学院学报，11（2）：121-128.

高亚军，朱培立，黄东迈，等，2000. 稻麦轮作条件下长期不同土壤管理对有机质和全氮的影响. 土壤与环境，9（1）：27-30.

韩文炎，阮建云，林智，等，2002. 茶园土壤主要营养障碍因子及系列茶树专用肥的研制. 茶叶科学，22（1）：70-74.

何钧潮，方伟，沈振明，1995. 雷竹笋用林二季丰产高效栽培技术的研究. 福建林学院学报，15（3）：257-261.

胡国成，2000. 水稻穗肥施用技术及其效果. 湖南农业科学（4）：16-18.

胡国成，石秋莲，楼中，等，2001. 小麦钾肥施用技术探讨. 内蒙古农业科技，3：11-13.

黄昌勇，2000. 土壤学. 北京：中国农业出版社：171-172.

黄美珍，陈继红，王丽臻，等，2007. 雷竹退化林分改造技术. 林业实用技术（11）：12-13.

黄兴召，黄坚钦，陈丁红，等，2010. 不同垂直地带山核桃林地土壤理化性质比较. 浙江林业科技，30（6）：23-27.

黄耀，孙文娟，张稳，等，2010. 中国陆地生态系统土壤有机碳变化研究进展. 中国科学：生命科学（7）：577-586.

姜培坤，俞益武，金爱武，等，2000. 丰产雷竹林地土壤养分分析. 竹子研究汇刊，2000，19（4）：50-53.

姜培坤，徐秋芳，2006. 雷竹早产高效栽培过程中土壤养分质量分数的变化.

浙江林学院学报，23（3）：242-247.

姜培坤，周国模，徐秋芳，2002. 雷竹高效栽培措施对土壤碳库的影响. 林业科学，38（6）：6-11.

李继红，2012. 我国土壤酸化的成因与防控研究. 农业灾害研究，2（6）：42-45.

李建国，章明奎，周翠，2005. 浙江省农业土壤酸缓冲性能的研究. 浙江农业学报，17（4）：207-211.

李九玉，王宁，徐仁扣，2009. 工业副产品对红壤酸度改良研究. 土壤，41（6）：932-939.

临安市土地志编纂委员会，1999. 临安市土地志. 北京：中国大地出版社.

刘力，潘锡东，1994. 早竹高产笋用林及其土壤理化性质分析研究. 竹子研究汇刊，13（3）：38-43.

刘胜清，2001. 山核桃栽培技术初探. 浙江林业科技，21（2）：57-61.

龙光强，蒋瑀霁，孙波，2012. 长期施用猪粪对红壤酸度的改良效应. 土壤，44（5）：727-734.

吕惠进，2005. 浙江临安山核桃立地环境研究. 森林工程，21（1）：1-3.

骆咏，傅松玲，张良富，等，2008. 海拔高度对山核桃生长与产量的影响. 经济林研究，26（1）：15-20.

孟赐福，傅庆林，水建国，等，1999. 浙江中部红壤施用石灰对土壤交换性钙、镁及土壤酸度的影响. 植物营养与肥料学报，5（2）：129-136.

孟赐福，沈菁，姜培坤，等，2009. 不同施肥处理对雷竹林土壤养分平衡和竹笋产量的影响. 竹子研究汇刊，28（4）：11-17.

潘根兴，赵其国，2005. 我国农田土壤碳库演变研究：全球变化和国家粮食安全. 地球科学进展（4）：384-393.

秦华，徐秋芳，曹志洪，2010. 长期集约经营条件下雷竹林土壤微生物量的变化. 浙江林学院学报，27（1）：1-7.

邱尔发，郑郁善，洪伟，2001. 竹子施肥研究现状及探讨. 江西农业大学学报，23（4）：55-555.

戎静，庄舜尧，杨浩，2011. 太湖源地区雷竹林氮磷径流输出与拦截控制. 水土保持通报，31（4）：168-171.

沈宏，曹志洪，2000. 不同农田生态系统土壤碳库管理指数. 生态学报，20（1）：663-668.

沈宏，曹志洪，徐志红，2000. 施肥对土壤不同碳形态及碳库管理指数的影响. 土壤学报，37（2）：166-173. .

宋永林，袁锋明，姚造华，2012. 化肥与有机物料配施对作物产量及土壤有机质的影响. 华北农学报，17（4）：73-76.

孙晓，庄舜尧，刘国群，等，2009. 集约经营下雷竹种植对土壤基本性质的影响. 土壤，41（5）：784-789.

孙晓，庄舜尧，刘国群，等，2010. 集约经营下雷竹林土壤酸化的初步研究. 土壤通报，41（6）：1339-1343.

唐国文，罗治建，赵虎，等，2004. 雷竹氮磷钾肥配合施用研究. 华中农业大学学报，23（3）：304-306.

汪祖潭，方伟，何钧潮，等，1993. 雷竹笋用林高产栽培技术. 北京：中国林业出版社.

王辉，董元华，安琼，等，2005. 高度集约化利用下蔬菜地土壤酸化及次生盐渍化研究——以南京市南郊为例. 土壤，37（5）：530-533.

王旭东，张平，吕家珑，等，2000. 不同施肥条件对土壤有机质及胡敏酸特性的影响. 中国农业科学，33（2）：75-81.

王志刚，赵永存，廖启林，等，2008. 近20年来江苏省土壤pH时空变化及其驱动. 生态学报，28（2）：720-727.

吴乐知，蔡祖聪，2007. 基于长期试验资料对中国农田表土有机碳含量变化的估算. 生态环境，16（6）：1768-1774.

吴明，吴柏林，曹永慧，等，2006. 不同施肥处理对笋用红竹林土壤特性的影响. 林业科学研究，19（3）：353-357.

谢少华，宗良纲，褚慧，等，2013. 不同类型生物质材料对酸化茶园土壤的改良效果. 茶叶科学，33（3）：279-288.

徐明岗，于荣，王伯仁，等，2006. 长期施肥对我国典型土壤活性有机质及碳库管理指数的影响. 植物营养与肥料学报，12（4）：459-465.

徐秋芳，姜培坤，陆贻通，2008. 不同施肥对雷竹林土壤微生物功能多样性影响初报. 浙江林学院学报，25（5）：548-552.

徐仁扣，COVENTRY D R，2002. 某些农业措施对土壤酸化的影响. 农业环境保护，21（5）：385-388.

徐祖祥，陈丁红，李良华，等，2010. 临安雷竹种植条件下土壤养分的变化. 中国农学通报，26（13）：247-250.

徐祖祥，陈丁红，李良华，等，2010. 施荣宝土壤消毒剂对临安雷竹产量的影响. 山地农业生物学报 (4)：292-295.

徐祖祥，谢国雄，徐进，等，2011. 设施栽培土壤施荣宝对作物产量及效益的影响. 农业工程技术（增刊）：9-44.

杨芳，徐秋芳，2003. 不同栽培历史雷竹林土壤养分与重金属含量的变化. 浙江林学院学报，20（2）：111-114.

俞震豫，1994. 浙江土壤. 杭州：浙江科学技术出版社.

袁金华，徐仁扣，2012. 生物质炭对酸性土壤改良作用的研究进展. 土壤，44（40）：541-547.

曾希柏，2000. 红壤酸化及其防治. 土壤通报，31（3）：111-113.

张永春，汪吉东，沈明星，等，2010. 长期不同施肥对太湖地区典型土壤酸化的影响. 土壤学报，47（3）：465-472.

张圆圆，张春苗，窦春英，等，2009. 施肥对山核桃土壤的酸化作用. 农家之友，12：1-4.

赵广帅，李发东，李运生，等，2012. 长期施肥对土壤有机质积累的影响. 生态环境学报，21（5）：840-847.

赵生才，2005. 我国农田土壤碳库演变机制及发展趋势——第236次香山科学会议侧记. 地球科学进展，20（5）：587-590.

浙江省林业厅，2008. 图说山核桃生态栽培技术. 杭州：浙江科学技术出版社.

中国农业科学院土壤肥料研究所，1994. 中国肥料. 上海：上海科学技术出版社.

ALVA A K, SUMNER M E, 1990. Amelioration of acid soil infertility by phos-phogypsum. Plant and Soil, 128：127-134.

BLAIR G J, LEFROY R D B, LISLE L, 1995. Soil carbon fractions based on their degree of oxidation, and the development of a carbon management index for agricultural systems. Australian Journal of Agricultural. Research, 46：1459-1466.

CAMBARDELLA M R, ELLIOTT E T, 1992. Particulate soil organic matter changes across a grassland cultivation sequence. Soil Science Society of American Journal, 56：777-778.

DE VRIES W, BREEUWSMA A, 1987. The relation between soil acidification and element cycling. Water, Air, & Soil Pollution, 35 (3-4): 293-310.

GOULDING K W T, BLAKE L. 1998. Land use, liming and the mobilization of potentially toxic metals. Agriculture, Ecosystems & Environment, 67 (2-3): 135-144.

GREGORICH E G, ELLERT B H, 1993. Light fraction and macro-organic matter in mineral soil. In: Carter M R ed. Soil Sampling and Methods of Analysis. Canadian Society of Soil Science: 397-407.

GUO J H, LIU X J, ZHANG Y, et al, 2010. Significant acidification in major Chinese croplands. Science, 327: 1008-1010.

JENNY H, 1983. The soil resource: origin and behavior. Springer-verlag: 147-196.

KRUG E C, FRINK C R, 1983. Acid rain on soil: A new perspective. Science, 221 (4610): 520-525.

LAL R, 2004. Soil carbon sequestration impacts on global climate change and food security. Science, 304: 1623-1627.

LIAO B H, JIANG Q, 2010. Importance of base cations of acid precipitation in China. Agro-environmental Protention, 20 (4): 254-256.

MENG H Q, LUW J L, XU M G, et al, 2012. Alkalinity of organic manure and its mechanism for mitigating soil acidification. Plant Nutrition and Fertilizer Science, 18 (5): 1153-1160.

MULDER J, BREEMEN N V, EIJCK H C, 1989. Depletion of soil aluminum by acid deposition and implications for acid neutralization. Nature, 337 (19): 247-249.

MURTY D, KIRSCHBAUM M U F, MCMURTRIE R E, et al, 2002. Does conversion of forest to agricultural land change soil carbon and nitrogen? A review of the literature. Global Change Biology, 8 (2): 105-123.

NKANA J C V, DEMEYER A, VERLOO M G, 2008. Effect of wood ash application on soil solution chemistry of tropical acid soils: incubation study. Bioresource Technology, 85: 323-325.

OULEHLE F, HOFMEISTER J, HRUSKA J, 2007. Modeling of the long-term effect of tree species (Norway spruce and European beech) on soil acidification in the Ore Mountains. Ecological Modelling, 204 (3-4):

359-371.

REUSS J O, COSBY B J, WRIGHT RF, 1987. Chemical processes governing soil and water acidification. Nature, 329 (3): 27-32.

VAN BREEMEN N, BURROUGH PA, VELTHORST E J, 1982. Soil acidification from atmospheric ammonium sulphate in forest canopy through fall. Nature, 299 (7): 548-550.

VAN BREEMEN N, Driscoll C T, MULDER J, 1984. Acidic deposition and internal proton sources in acidification of soils and waters. Nature, 307 (16): 599-604.

VAN BREEMEN N, MULDER J, DRISCOLL C T, 1983. Acidification and alkalinization of soils. Plant and Soil, 75: 283-308.

VANCE E D, Brooks P C, JENKINSON D S, 1987. An extraction method for measuring soil microbial biomass. Soil Biology and Biochemistry, 19 (6): 703-707.

VERSTRATEN J M, DOPHEIDE J C R, DUYSINGS J J H M, et al, 1990. The proton cycle of a deciduous forest ecosystem in the Netherlands and its implications for soil acidification. Plant and Soil, 127: 61-69.

VIEIRA F C B, BAYER C, MIELNICZUK J, et al, 2008. Long-term acidification of a Brazilian Acrisol as affected by no till cropping systems and nitrogen fertilizer. Australian Journal of Soil Research, 46 (1): 17-26.

XU R K, COVENTRY D R, 2003. Soil pH changes associated with lupin and wheat plant materials incorporated in a red-brown earth soil. Plant and Soil, 250: 113-119.

XU Z J, LIU G S, YU J D, 2002. Soil acidification and nitrogen cycle disturbed by man-made factors. Geology-geochemistry, 30 (2): 74-78.

XUE N D, LIAO B H, LIU P, 2005. On soil acidification status under acid deposition in two small catchments in Hunan. Journal of Hunan Agricultural University (Natural Science), 31 (1): 82-86.

图书在版编目（CIP）数据

临安区农地土壤的特性与改良利用/邬奇峰等编著
. —北京：中国农业出版社，2019.10
ISBN 978-7-109-25866-2

Ⅰ. ①临…　Ⅱ. ①邬…　Ⅲ. ①农业用地－土壤－特性
－研究－临安②农业用地－土壤改良－研究－临安　Ⅳ.
①S159. 255. 4

中国版本图书馆 CIP 数据核字（2019）第 186787 号

中国农业出版社出版
地址：北京市朝阳区麦子店街 18 号楼
邮编：100125
责任编辑：魏兆猛　张洪光
版式设计：韩小丽　　责任校对：沙凯霖
印刷：北京大汉方圆数字文化传媒有限公司
版次：2019 年 10 月第 1 版
印次：2019 年 10 月北京第 1 次印刷
发行：新华书店北京发行所
开本：880mm×1230mm　1/32
印张：5.25　　插页：2
字数：130 千字
定价：45.00 元

新垦水田（昌化镇）

河谷平原连片的稻田（於潜镇）

茶叶基地（太湖源）

桑树基地（潜川镇）

柑橘基地（青山湖街道）

小樱桃基地（潜川镇）

蔬菜基地（龙岗镇）

高山蔬菜（昌化镇）

蔬菜育苗中心（清凉峰）

国家级耕地质量监测点（板桥镇）

施用土壤调理剂、有机肥、生石灰和生物质炭的耕地土壤酸化综合治理试验（板桥镇）

丛枝菌根真菌在新垦耕地生态恢复和地力提升中的应用技术试验（潜川镇）

新垦耕地不同降酸材料及组合配方的降酸效果试验（潜川镇）

不同有机肥对垦造耕地有机质提升效果试验（青山湖街道）

石灰治理雷竹林土壤酸化试验（太湖源镇）

客土改良雷竹林试验（於潜镇）

生石灰防治山核桃林根腐病试验（清凉峰镇）

山核桃、雷竹专用配方肥

水稻肥效试验（天目山镇）

减量施肥对水稻产量和氮、磷流失影响试验
（板桥镇）

测土配方施肥方案专家论证会